Paula Brandt
Mayday aus der Chefetage

Paula Brandt

Mayday aus der Chefetage

Warum Manager in Krisen scheitern

Ein Insiderbericht

ARISTON

Verlagsgruppe Random House FSC®-N001967.
Das für dieses Buch verwendete FSC®-zertifizierte Papier
EOS liefert Salzer Papier, St. Pölten, Austria.

Bibliografische Information der Deutschen Bibliothek
Die Deutsche Bibliothek verzeichnet diese Publikation
in der Deutschen Nationalbibliografie; detaillierte bibliografische Daten sind im
Internet unter http://dnb.ddb.de abrufbar.

Umschlaggestaltung und Motiv: Hauptmann und Kompanie, Zürich
Redaktion: Maria Verde
Satz: Vornehm Mediengestaltung GmbH, München
Druck und Bindung: GGP Media GmbH, Pößneck
Printed in Germany

ISBN 978-3-424-20115-4

Dieses Buch ist allen gewidmet,
die mich bei seinem Entstehen unterstützt haben,
vor allem aber meinem Mann Jörg
und meiner Großmutter.
Sie verkörperte viele der Werte, die hier beschrieben werden –
Werte, die wir heute mehr denn je
in der Wirtschaft brauchen.

Inhalt

Erledigen Sie den Alligator!

Aus einem YouTube-Video: Eine kleine niedliche Katze sitzt am Ufer eines Bachs – vor ihr ein Alligator, etwa zehnmal größer als sie. Im Hintergrund zu hören sind die »Ahs« und »Ohs« der erschrockenen Menschen, die die Szene filmen. Die Katze hat aber keine Angst. Aug in Aug sitzt sie dem Reptil gegenüber. Es bewegt sich etwas nach vorn, der Moment, um tief Luft zu holen: Die Katze duckt sich und versetzt ihm einen Hieb mit ihrer Pfote. Sie will offensichtlich spielen! Der Alligator, anstatt aggressiv zu werden, zieht sich ins Wasser zurück. David gegen Goliath, und David gewinnt. Die Katze ist sich der Gefahr augenscheinlich nicht bewusst. Wir wissen nicht, warum, vielleicht ist sie bis dahin noch keinem Alligator begegnet. Wichtig ist, dass sie angesichts der übergroßen Bedrohung unbekümmert bleibt und nicht gefressen wird.

Wenn ich mir manche Firmenlenker in Unternehmenskrisen anschaue, ist dieses kleine YouTube-Video durchaus eine ganz gute Analogie. Der Alligator ist die Firmenkrise, der Topmanager die Katze. Aber anders als im Filmchen ist der Manager gelähmt vor Angst, weil er die Gefahr als übermächtig betrachtet. Gelähmt, paralysiert – und in der Konsequenz wird er handlungsunfähig. Geschweige denn, dass er sich wie das Kätzchen der Gefahr direkt aussetzt und der Krise sozusagen den finalen Pfotenhieb verpasst.

Als Unternehmensberaterin habe ich achtzehn Jahre lang eng mit Topmanagern in kritischen Situationen zusammengearbeitet. Ich hatte das Glück, hinter die Kulissen blicken zu dürfen. Ich war eine der wenigen und häufig sogar die einzige Frau in diesem Umfeld. Die überwiegend männlichen Topmanager haben sich mir anvertraut, sicherlich auch deshalb, weil sie mich nicht als Konkurrentin wahrgenommen haben. Seit einigen Jahren bereite ich Manager, Nachwuchsführungskräfte und MBA-Studenten in Seminaren und persönlich begleitend auf Krisensituationen vor. Parallel forsche ich im Rahmen einer Promotion zu diesem Thema und halte Vorlesungen an Unis, Fachhochschulen und Business Schools. Das Programm, das ich entwickelt habe, besteht aus drei Bereichen: Authentizität, Ratio, Körper. In diesem Buch stelle ich Ihnen die wichtigsten Eckpunkte vor. Sie beruhen auf der Erkenntnis, dass eine gute Krisenvorbereitung neben strategischen Überlegungen immer auch Maßnahmen beinhalten muss, um Ängste in den Griff zu bekommen – und der Weg dorthin führt über den Körper. Eingeflossen in diesen Ansatz sind persönliche Erfahrungen aus meiner Zeit als Unternehmensberaterin und als Geschäftsführerin einer Firma im IT-Bereich sowie meine Forschungsergebnisse zum Thema.

Sie möchten hinter die Kulissen schauen und verstehen, was Krisen mit Managern in gehobenen Führungspositionen machen? Sie wollen wissen,»was da oben abgeht«, wenn es brenzlig wird? Oder sind Sie selbst Manager in einem Konzern beziehungsweise Firmengründer und Geschäftsführer eines kleinen oder mittelständischen Unternehmens und möchten sich auf eine Krise vorbereiten? Auch wenn Sie bisher nur mit kleinen, beherrschbaren Ärgernissen des Unternehmeralltags konfrontiert wurden: es muss – leider – nicht so bleiben. Es ist gut, gewappnet zu sein. Werden Sie also zum Kätzchen aus dem einleitenden Beispiel und erledigen Sie den Alligator.

Teil I
Mit Volldampf in den Abgrund

»Ene mene muh und raus bist du«

Eine Unternehmenskrise ist nicht weniger als der Super-GAU für einen Manager. »Ene mene muh und raus bist du«: Was dieser alte Kinderreim besagt, hat in Krisenzeiten Konjunktur. Wenn es brenzlig wird, heißt es oft genug »Ciao Baby«. Die Fakten: 80 Prozent aller Manager an der Spitze eines Unternehmens werden beim Auftreten einer Krise ausgetauscht.[1] Mit Krise sind hier die existenzbedrohenden Krisen eines Unternehmens gemeint. Der Ausgang dieser Krisen ist offen, das Unternehmen kann in der Pleite enden. Es sind Ausnahmesituationen, die alles vom Topmanager fordern und keinen Stein seines Selbstverständnisses auf dem anderen lassen. Ein typisches Beispiel: Ein Unternehmensbereich eines Konzerns hat über einen längeren Zeitraum Verluste eingefahren. Der Vorstandsvorsitzende beschließt, ihn dichtzumachen, um das gesamte Unternehmen zu erhalten. In der Konsequenz kostet das um die 1000 Arbeitsplätze, leider in einer strukturschwachen Region. Den betroffenen Mitarbeitern kann der Vorstandsvorsitzende das nur schwer vermitteln, Beleg- und Gewerkschaften laufen Sturm. Die Presse berichtet in fetter Aufmachung mit der Negativschlagzeile »Arbeitsplatzvernichtung in großem Stil«. Nicht nur das Unternehmen, auch der Vorstandsvorsitzende selbst gerät in den Fokus. Tenor: »Er kennt kein Pardon. Der eiskalte Hund greift durch.« Er erhält anonyme Briefe und wird auf einer Anhörung öffentlich beschimpft.

Die Eckpunkte aus diesem Beispiel finden sich in der bekanntesten Definition einer Unternehmenskrise wieder. Sie stammt von Ulrich Krystek, Honorarprofessor an der Technischen Universität Berlin, und wurde schon 1987 formuliert. Ihr zufolge ist in einer Unternehmenskrise das Fortbestehen der gesamten Firma gefährdet, weil Ziele wie die Erreichung einer Mindestrendite beziehungsweise eines Mindestgewinns zur Disposition stehen. Sie läuft ungeplant und ungewollt ab, ist von begrenzter Dauer und nur beschränkt beeinflussbar. Ihr Ausgang insgesamt ist ungewiss.[2] Ist es möglich, erfolgreich durch solch eine Krise zu schippern? Schön wär's. Mehr als die Hälfte aller Manager an der Spitze eines Unternehmens schafft das nicht[3] – mit teilweise dramatischen Konsequenzen. Bei der Krisenbewältigung patzen heißt oft auch persönlich scheitern. Das wirkt sich auf den Menschen aus, aber auch auf den Geldbeutel.

Existenzbedrohende Krisen zu stemmen lässt Manager auch menschlich nicht kalt, selbst wenn es ihnen von außen nicht unbedingt anzumerken ist. Ein Vorstand musste Entlassungen im größeren Stil vornehmen. Er kam damit persönlich nicht klar, weil er die für den einzelnen Mitarbeiter schwerwiegenden Konsequenzen seiner Entscheidung sah. Was es für ihn bedeutete, schilderte er bei einem Abendessen in London:»Jeden Morgen, wenn ich um sechs Uhr aufstehe, muss ich erst einmal kotzen, bevor ich zur Arbeit gehe, weil ich das eigentlich gar nicht machen will.« Kaum zu glauben? Sicherlich extrem.[4] Aber daran zeigt sich der ungeheure Druck, der auf einem Vorstand lastet. Dass es sich dabei um keinen Einzelfall handelt, belegen zwei prominente Beispiele aus der Schweiz, die Ende 2013 durch die Presse gingen. Die Freitode der Topmanager Carsten Schloter, damals Swisscom-Chef, und Pierre Wauthier, Finanzvorstand der Zurich-Versicherungen, sind bis heute nicht vollends aufgeklärt, aber sie legen nahe, dass diese Manager in einer tiefen Krise gesteckt haben müssen.

Krisen können sich auch in monetärer Hinsicht als fatal für Manager erweisen. Gerade in kleineren Firmen, wo Unternehmensleiter mit ihrem eigenen Vermögen haften, ist das nicht ungewöhnlich:»Wenn du in Deutschland gehen musst, ist das oft das Aus. Du hast nicht nur den finanziellen Ruin. Auch Ansehen, gesellschaftliche Kontakte, Karriere, alles beendet.« Harte Worte.

Sie stammen vom Vorstand einer mittelständischen IT-Firma und beschreiben die Zeit nach dem Konkurs seiner Firma. Über Jahre hinweg war alles gut gegangen. Dann hatte der wichtigste Kunde ohne Angabe von Gründen von heute auf morgen nicht mehr gezahlt. Dumm gelaufen: Der Vorstand hatte versäumt, neben dem Großkunden einen Kundenstamm aufzubauen. Das war das Ende für die aufstrebende Firma. Der Vorstand musste nicht nur Firmen-, sondern auch Privatinsolvenz anmelden. Beim nächsten Geldabheben am Bankautomaten wurde die EC-Karte eingezogen. »Können Sie sich vorstellen, was das für ein Gefühl ist?«, wollte er von mir wissen. Später wurde seine Ehefrau in einer Boutique von der befreundeten Besitzerin mit den Worten begrüßt: »Na, liebe Stefanie – was ich von Ihrem Mann gelesen habe, ist ja auch unerfreulich.« Äußerst unangenehm, aber für diesen Vorstand eine Lektion fürs Leben. Scheitern in der Topetage geschieht eben gerne schon mal öffentlich. »Echte« Krisen in den Griff bekommen und dabei nicht als Mensch zum Krisenfall werden, darum geht es in diesem Buch. Es muss nicht dazu kommen, dass Ihnen als Manager irgendwann das Wasser bis zum Hals steht und Sie nur noch alles hinter sich lassen wollen, um als Schafzüchter in Neuseeland neu anzufangen. Krisen beherrschen heißt also nicht nur, die Krise im Unternehmen zu steuern, sondern auch, die oft damit einhergehende persönliche Krise in den Griff zu bekommen.

Sie können natürlich sagen, dass es sich bei Krisen in Unternehmen um Einzelfälle handelt und nicht um ein verbreitetes Phänomen. Schließlich läuft unsere deutsche Wirtschaft derzeit gut. Und natürlich gibt es gute und zufriedene Vorstände – und jene, die ein Unternehmen souverän und sicher durch das unruhige Fahrwasser von Krisen steuern. Aber: Wirtschaftliche Umwälzungen geschehen immer schneller. Nicht nur im eigenen unternehmerischen Alltag geht vieles schief, denn klar ist auch: Die nächste große globale Krise wird kommen – die Pleite der US-amerikanischen Großbank Lehman Brothers im September

2008 war ein Weckruf. Journalisten prägten das Wort einer »permanenten Krise«, die das Denken über unser Wirtschaftssystem verändert hat.[5] Und die Größen der Wirtschaftswissenschaften fordern schon lange Konsequenzen. »Die Zukunft gehört einer neuen Form des Wirtschaftens«, fordert die renommierte Wissenschaftlerin Rosabeth Moss Kanter, Professorin für Business Administration an der Harvard Business School.[6] Sie nimmt Worte in den Mund wie »emotionales Management« und spricht vom »Vorleben wertebasierter Führung«. Diese Begriffe sind in der wirtschaftswissenschaftlichen Diskussion nicht neu, aber vor dem Hintergrund einer Zukunft permanenter Krise gewinnen sie an Bedeutung und Aktualität. Manager tun also angesichts solcher Aussichten gut daran, sich zu wappnen und »krisenfest« zu werden. Dazu gehört, das Handwerkszeug zu beherrschen und sich auch in persönlicher Hinsicht gut aufzustellen. Eine Krisenbewältigung scheitert oft genug an den gleichen Schwächen, die ich – mal in stärkerer, mal in milderer Ausprägung – bei fast all meinen Mandaten während meiner Beratertätigkeit festgestellt habe. Das nachfolgende Fallbeispiel zeigt, welche es sind.

FALLBEISPIEL

Haben Sie Erfahrung mit existenzbedrohenden Krisen?
Der klassische Fall einer Produkterpressung. Es ist ein schlichtes Fax, das in der Verwaltung eines inhabergeführten Lebensmittelunternehmens eingeht und die Warnung enthält, dass – sollte sich das Unternehmen weigern, fünf Millionen Euro zu zahlen – dessen Produkte im Supermarkt vergiftet würden. Zwei Wochen später verleiht der unbekannte Erpresser seiner Forderung Nachdruck: Eine lebensgefährliche Wurfsendung trifft in der Poststelle der Firma ein. Sie wird zum Glück rechtzeitig erkannt.

Eine Produkterpressung ist für das betroffene Unternehmen der GAU, sozusagen die Mega-Krise. Auf dem Spiel steht nicht nur eine

Rufschädigung, sondern die Erpressung kann für das mittelständische Unternehmen den Ruin bedeuten, sollte der Vorfall bekannt werden. Entsprechend nervös ist der Firmenchef. Er schaltet nicht nur die Polizei ein, sondern auch eine deutschlandweit bekannte Unternehmensberatung, spezialisiert auf »Erste-Hilfe-Leistung« in Krisensituationen. Alles »hinter den Kulissen«, unbemerkt von der Öffentlichkeit. Zwei Krisenberater treffen ein, beide alte Hasen und langjährig erfahren mit dem oberen Management. Seit einigen Jahren sind sie als Seniorpartner in der Unternehmensberatung tätig und helfen Firmen in besonders kritischen Situationen – so wie in dieser.

Was die beiden Berater vorfinden, ist der absolute Ausnahmezustand. Die oberen zehn Führungskräfte – neun Bereichs- sowie der Werksleiter – sitzen in großer Runde versammelt. Die Stimmung ist angespannt, aus den Gesichtern ist Verängstigung zu lesen. Der Firmenchef ist so betroffen, dass er entweder weint oder einzelne Anwesende anschreit. Es folgt eine erste Bestandsaufnahme der Lage unter der Leitung der beiden Krisenberater. Sie merken schnell, dass sie nicht weiterkommen. Denn die Führungskräfte geben sich verstockt, Informationen fließen nur häppchenweise. Der Firmenchef ist fahrig, bringt sich mal autoritär in den Dialog ein, mal sitzt er fast apathisch da.

Es kommt der Punkt, wo die Krisenberater zu einer drastischen Maßnahme greifen und sich an den Firmenchef wenden: »Sie gehen jetzt für die nächsten Stunden nach Hause. Sie halten sich bitte erst einmal aus allem heraus und nehmen auch keinen Kontakt auf. Sie sind emotional zu betroffen.« Die Berater haben nicht nur erkannt, dass der Firmenchef in diesem Zustand keine Hilfe ist. Aufgrund ihrer langjährigen Erfahrung ist ihnen darüber hinaus schon in dieser ersten Sitzung klar geworden, dass im Unternehmen ein Klima des Misstrauens herrscht. Die Führungskräfte würden sich im Beisein ihres Bosses nicht frei äußern. So kann kein effektiver Plan entwickelt werden, um die Situation in den Griff zu bekommen. Dafür müssen alle Beteiligten aus allen Einheiten an einem Strang ziehen. Die beiden Krisenberater übernehmen also die Führung, der Firmenchef fügt sich und räumt temporär das Feld.

Solch eine nicht hausgemachte Krise ist nicht vorhersehbar. Sie zieht am Horizont ähnlich bedrohlich auf wie die sprichwörtlichen zehn Plagen aus der Bibel. Sie setzt für den Manager, der sie lösen soll, alles außer Kraft und ist die Ausnahmesituation par excellence. Das Beispiel zeigt, was Firmenchefs tun können:

1. Angst reduzieren: Die Situation überfordert den Firmenchef. Anstatt einen kühlen Kopf zu bewahren, reagiert er übertrieben emotional. Sein Verhalten schwankt, mal ist er aggressiv, mal resigniert er und verharrt in einer Schockstarre. Für seine Untergebenen ist er so komplett unberechenbar. Der Firmenchef hat Angst. Das große Tabuthema in den obersten Etagen: Schon im normalen Tagesgeschäft hat ein Topmanager Stärke zu zeigen. Gefühle haben keinen Platz im rauen Geschäftsklima. Um es auf den Punkt zu bringen: Nach außen hin gibt sich der Firmenlenker souverän, wie die Amerikaner sagen»in charge of the situation«, hält also die Zügel fest in der Hand. Schließt sich aber die Tür für die Augen der Öffentlichkeit, legt er oft die glamouröse Rolle ab, und etwas ganz anderes ist zu beobachten: Überforderung ist an der Tagesordnung. Ist die Krise da, implodieren die Ängste der Manager. Zum Schock angesichts der Krise kommt die Angst, Fehler zu machen, kommt die Angst vor Jobverlust, folgen Existenzängste. Viele Manager können nicht mehr entspannen, sie schlafen nicht mehr, vernachlässigen Essen und Trinken. Sie verfallen in eine Schockstarre, mit der dramatischen Folge für ihr Unternehmen, dass sie nicht mehr handlungsfähig sind. Viele suchen in dieser Situation Psychologen auf. Sie wenden sich an Einrichtungen, die auf Führungskräfte spezialisiert sind, und checken für zwei Wochen in einer Burn-out-Klinik ein. Heimlich – offiziell sind sie im Urlaub, denn Schwäche wird nur im Verborgenen gezeigt. Kaum einer gibt offen zu, was der tägliche Kampf ums Dasein in ihnen auslöst.»Der Job eines Topmanagers ist nichts für Weicheier«, lautet ein mittlerweile viel zitierter Spruch von Hartmut Mehdorn, Exvorstandsvorsitzender der Deutschen

Bahn und der Geschäftsführung des Berliner Flughafens.[7] Seine Aussage trifft aus meiner Sicht nicht ganz zu. Ein Topmanager mag per se hartgesotten sein – er bleibt aber ein Mensch. Und daher ist es durchaus verständlich, wenn auch schockierend, dass sich ein Manager morgens vor der Arbeit übergibt, um den übermächtigen Druck zu reduzieren.

2. Komplexität beherrschen: Die beiden im Beispiel hinzugezogenen Krisenberater handeln konsequent. Der Firmenchef wird kurzzeitig »entmachtet«. Sie schicken ihn nach Hause, da ihm ein systematischer Ansatz fehlt. Er weiß nicht, wie er in der Krisensituation vorgehen soll. Er hat keinen Krisenplan, den er abarbeiten und an dem er sich festhalten kann.

3. Belegschaft als Verbündete gewinnen: Haben Sie sich auch darüber gewundert, dass sämtliche Führungskräfte im Beispiel abgeblockt, Informationen nur sehr sparsam beigesteuert und sich nicht wirklich konstruktiv gezeigt haben? Offensichtlich liegt hier schon länger etwas im Argen: Der Firmenchef muss das Vertrauen seiner Führungskräfte schon deutlich früher verspielt haben. Denn eines steht fest. Wer so aufgestellt ist wie der Firmenchef im Beispiel, kann in einer Krise nicht gewinnen. Seine Mitarbeiter und Führungskräfte ziehen nicht mit, er steht allein auf weiter Flur. Da mag er wie ein Kommandant auf dem Schlachtfeld noch so sehr zum Angriff rufen, er ist zum Scheitern verurteilt, wenn alle anderen desertieren.

Krisenfest werden: Mit der KrisenBalance©-Methode arbeiten Sie an den drei Schwachstellen. Dieses Buch zeigt Ihnen, was auf Sie als Manager in einer Krise zukommt. Es gibt Ihnen Techniken an die Hand, mit denen Sie an den drei Schwachstellen ansetzen können. In Teil I erfahren Sie, wovon eine erfolgreiche Krisenbekämpfung abhängt: angefangen bei den Fakten, die in der Zeit vor dem Auftreten der Krise geschaffen wurden, worauf es während der Krisensituation ankommt und was es mit einem persönlich macht. Denn der Erfolg eines Managers in einer Krise hängt von seinem Handeln ab, was oft schon entschieden wurde, bevor der Sturm mit voller Wucht über ihn hereinbricht. In Teil II finden Sie das Handwerkszeug, um an den drei Schwachstellen zu arbeiten: die KrisenBalance©-Methode. Damit werden Sie gegensteuern können, wenn es brenzlig wird und heißt: »Ene mene muh – und raus bist du«.

Manageralltag = Dauerkrise?
Überlebensstrategien der Chefs

Die Welt der Spitzenmanager mutet glamourös an. Sie sind in Oberklasseautos mit Fahrer unterwegs. In manchen großen Unternehmen gibt es für sie eigene Aufzüge und Kantinen der Luxusklasse, eigener Koch inklusive. In meiner Erinnerung sehe ich noch heute so manches hervorragende Emu-Steak und zart gekochten Hummer, die es zum Abschluss eines Beratungseinsatzes gab, den spektakulären Blick auf die Dächer von Städten wie Berlin und London eingeschlossen. Auf Flughäfen bevölkern Topmanager die First Class Lounges der Fluglinien, was vielen von ihnen wichtig ist. Manche von ihnen steigen in den exklusivsten Vielreisenden-Kreis der Airlines auf, bei der Lufthansa in den HON Circle. Der bedeutet, dass sie unter anderem einen Limousinen-Service nutzen können, mit dem sie direkt bis zur Gangway des Flugzeugs gebracht werden.

Topmanager leben in einer hermetisch vom Alltag abgeschlossenen Welt. Zu finden sind sie in Clubs an teuren Orten, wo nicht jeder reinkommt, sie schließen Geschäfte auf dem Golfplatz ab und werden über Headhunter in neue Jobs vermittelt. Sie wohnen gern in teuren Villenvierteln, manchmal mit eigenem Tennisplatz. Sie haben auch schon mal ein eigenes Schloss als Wohnsitz, wie der Geschäftsführer einer deutschen Bankfiliale in Paris, den ich dort kennengelernt habe. Summa summarum also ein elitärer Kreis, der auf den »Mann von der Straße« abgehoben wirkt und vor allem weit entfernt von seinem Alltag ist. Wir können den Topmanager mit einem Fußballtrainer der Bundesliga vergleichen: Er wird ähnlich kritisch beäugt wie der Trainer, dessen Team über Monate hinweg keinen Ball ins Tor befördert – allerdings mit dem Unterschied, dass dieser Zustand für den Manager von Dauer ist. Anders als im Fußball spendet ihm keiner im Publikum Applaus für seine Taten. Läuft es für ihn rund, ist das eine Selbstverständlichkeit. Selbst die erfolgreichen Player an der Spitze, ob ein Martin Winterkorn als Vorstandsvorsitzender der Volkswagen AG, Vorstandsvorsitzender Dieter Zetsche bei Daimler oder Burda-Vorstand Philipp Welte, sie alle werden bestenfalls ignoriert, wenn es gut funktioniert. Die Hetzjagd der Medien auf sie setzt ein, wenn es im Unternehmen ruckelt. Und ins Kreuzfeuer der öffentlichen Kritik gelangen sie, wenn die großen sichtbaren Personalmaßnahmen nach folgendem Muster öffentlich ausgebreitet werden: »Eine seiner ersten Amtshandlungen als Chef vom Konzern war, 10.000 Menschen in einem Tochterunternehmen zu entlassen.«

Topmanager haben keinen guten Ruf – gerade wenn es zur Krise kommt. Als Böse verurteilt sind sie schnell und werden in der Öffentlichkeit als »die da oben an der Spitze«, als eine Kaste für sich wahrgenommen. Sie gelten als selbstherrlich, als verantwortungslos, was sich in Buchtiteln der vergangenen Jahre wie *Menschenschinder oder Manager* (2007) ausdrückt. Sie werden als Persönlichkeiten mit großer Machtfülle wahrgenommen, die diese unbarmherzig ausspielen, insbesondere wenn Einschnitte im Zuge von Unternehmenskrisen vorzunehmen sind. Sie selber nutzen beispielsweise im Rahmen öffentlicher Pressekonferenzen, wo sie Rechenschaft über ihr Tun ablegen, gerne Euphemismen wie »Mitarbeiter freisetzen« oder – im Fall von Einzelpersonen – »jemanden von seinen Aufgaben entbinden«. Einen besseren medialen Eindruck als den der öffentlichen Meinung hinterlassen sie damit sicher nicht. Es wird ihnen immer wieder angelastet, dass sie Entlassungen vornehmen, aber selber keine Einschnitte bei ihren eigenen Bezügen zulassen. »Der Spitzenmanager braucht heute Zustimmung von außen. Doch die Gesellschaft will ihn nicht exkulpieren, wenn er Menschen entlässt – und dabei hohe Boni kassiert«, konstatierte ein Journalist in einem Artikel in *Die Zeit*.[1]

Dementsprechend werden sie von außen wahrgenommen als Personen, die jedes Maß verloren haben: die zwar in Krisen häufig äußerste Härte bei der Umsetzung von Maßnahmen zeigen, selber aber auf Abfindungen in Millionenhöhe beharren, selbst wenn sie ihren Hut nehmen müssen.

Auch die Mitarbeiter gehen hart mit ihrer Führungsriege ins Gericht, wenn ihr Unternehmen in unruhiges Fahrwasser gerät. »Der hat doch nur Abfindungshopping gemacht«, urteilt ein Manager der mittleren Führungsebene eines IT-Konzerns abfällig über den Vorstandsvorsitzenden, dessen Familie im gutbürgerlichen Milieu angesiedelt und bekannt ist. »Er hat nichts gebracht und dem Unternehmen nur Geld gekostet. Als der Aufsichtsrat das erkannt hat, ist er eben weg und auf den nächsten Job gehüpft. Für mich hat der eine ›Aufwandsabsitz-Entschädigung‹ bekommen – für nichts. Und hat sich aus dem Staub gemacht, als es ernst wurde«, so der Manager weiter. Ein Verhalten, das empört, vergleichbar dem des Kapitäns der Costa Concordia, dem im Januar 2012 vor der Insel Giglio gesunkenen Kreuzfahrtschiff. Der Kapitän Francesco Schettino war unter den Ersten, die von Bord gegangen sind, und begründete dies mit der fadenscheinigen Erklärung, er sei »einfach so« ins Rettungsboot gerutscht.[2] Der Manager nahm den Abgang des Vorstandsvorsitzenden als ähnlich verantwortungslos wahr. »Es gibt die Ehrenwerten und die Schmarotzer«, kommentiert er. Besagter Firmenchef gehört für ihn gewiss nicht zu der ersten Kategorie. Moralisch also auf ganzer Linie gescheitert. Doch ist er das tatsächlich?

Auch wenn viele der genannten Klischees zutreffen und es einiges zu kritisieren gibt, ist es mir wichtig, eine Lanze für Topmanager zu brechen. Die oben genannten Fakten mögen nach außen hin den Eindruck großer Rücksichtslosigkeit vermitteln, und klar werden Manager an der Firmenspitze gut entlohnt. Aber für viele steht das Geld nicht im Vordergrund. Topmanager treten an, weil sie etwas gestalten, etwas bewegen wollen, und zwar mit vollem Einsatz. Sie arbeiten sich in einem gnadenlosen

Konkurrenzkampf nach oben und durchlaufen harte Auswahl-prozesse. In den achtzehn Jahren, die ich mit diesem Personen-kreis zusammengearbeitet habe, habe ich eines verstanden: Top-manager übernehmen in unserer Gesellschaft Verantwortung und machen einen Knochenjob. Das ist per se anzuerkennen. Es ist vielfach ein ganz bestimmter Typ Mensch, der sich dafür ent-scheidet.

FALLBEISPIEL

Wie sind Sie Unternehmer geworden?

Nehmen wir stellvertretend für viele andere Unternehmensleiter Mar-kus S., Vorstand eines erfolgreichen IT-Unternehmens mit mehreren Hundert Mitarbeitern in Süddeutschland. Es nahm seinen Anfang Mitte der Neunzigerjahre als ein Drei-Mann-Start-up im Bereich der damals neu aufkommenden CAD-Fertigungstechnik. Das war für Markus S. die Chance, auf die er gewartet hatte. Denn bereits mit zwölf Jahren hatte er gewusst, dass er Unternehmer werden wollte, und sein erstes kleines Geschäft eröffnet, einen florierenden Blumenhandel. Während seines Ingenieurstudiums verdiente er sich dann als Selbstständiger ein Zubrot im damals noch in den Kinderschuhen steckenden IT-Be-reich.

Markus S. war klar, dass eine neue Industrie entstand. Goldgräber-stimmung machte sich breit, und Markus S. wollte unbedingt dabei sein. Folglich schlug er zu, als einer seiner Kunden ein Projekt auswei-tete: Er überzeugte zwei technikaffine Kommilitonen zur Entwicklung einer neuen Software. Er wusste außerdem, dass nur Beratung, wie er sie bisher studienbegleitend angeboten hatte, ihnen nicht annähernd so viel Erfolg ermöglichen würde wie der Verkauf eines Produkts mit laufenden Lizenzeinnahmen. Die Strategie ging auf, der Kunde kaufte die neue Software, damals noch eine Prototyp-Version, und der Sieges-zug von Markus S.' Firma begann.

Markus S. ist von seiner Persönlichkeit her geradezu eine Blaupause für den Typ erfolgreicher Unternehmer. Vor allem zwei Eigenschaften zeichnen diesen Typus aus: Zielstrebigkeit und Weitsicht.

Hat sich ein erfolgreicher Unternehmer ein Ziel gesetzt, geht er darauf zu, unter allen Umständen. Er korrigiert seinen Kurs, wenn etwas anders verläuft als gedacht, aber das Ziel verliert er nie aus den Augen. Bei Markus S. hieß das:»Für mich zählen nur Ergebnisse. Ich habe alles, was ich erreichen will, im Kopf, und das arbeite ich dann ab.«

Ein erfolgreicher Firmenlenker ist gut im Einschätzen von Trends. Er sieht Möglichkeiten, immer wieder. Markus S. hatte früh erkannt, dass das Beratungsgeschäft viel zu stark von Konjunkturzyklen abhängt. Es sind neue Bereiche hinzugekommen, die mit der IT nicht mehr viel zu tun haben, vielmehr den»modernen Menschen in Abhängigkeit von der Technik«im Auge haben. Markus S. kooperiert verstärkt mit Architektur-, Einrichtungs- und Designfirmen, weil eines seiner Steckenpferde das»vernetzte Haus der Zukunft«ist, voll ausgestattet mit modernster Technologie. Haustechnik, die vom Smartphone aus geregelt wird? Voll automatisierte Einbruchskontrolle? Markus S. ist bereits weiter und träumt davon, die bestehenden Möglichkeiten zu revolutionieren. Denn er will wieder ganz vorne dabei sein. Die finanziellen Rahmenbedingungen hat er schon geschaffen.

Markus S. Beispiel belegt, dass Topmanager dirigieren wollen, und zwar von Anfang an. Sie wollen etwas aufbauen, etwas groß machen, die Wirklichkeit verändern. Erzählt Markus S. seine Vision vom»Haus der Zukunft«, leuchten seine Augen. Fragt man ihn nach seinem Einkommen, erwidert er, dass ihm Geld zu verdienen wichtig ist, sich das jedoch als angenehmer Nebeneffekt mit seiner Arbeit von allein einstellt. Markus S. hat mehrere teure Wagen in seiner Garage stehen. Wirklich entspannen könne er aber vor allem im Keller seines Hauses an der heimischen Werkbank, denn eigentlich brauche er gar nicht viel.

Markus S. ist heute knapp fünfzig und Teil der Generation, die aktuell am Ruder ist. Wie sieht es aber mit dem Führungsnachwuchs der Digital Natives aus – also der sogenannten Generation Y, die zwischen 1980 und Anfang 1990 geboren wurde? Sind die ähnlich zielorientiert und weitsichtig wie Markus S.? Durchaus. Etwa ein Neunzehnjähriger ist bereits seit seinem dreizehnten Lebensjahr als gut verdienender Berater unternehmerisch tätig. Er ist ausnehmend smart, weiß, dass ihm die Welt offensteht, und antwortet auf meine Frage, wo er denn hinwill, trocken und mit Nachdruck:»Ich will ein zweiter Bill Gates werden.« Eine gesunde Work-Life-Balance? Das ist weniger ein Thema; es dominiert die Lust am Aufstieg. Ende 2013 berichtete die Presse von drei Turbo-Studenten. Sie hatten im dualen Studium ihren Bachelor und Master in nur zwanzig Monaten absolviert, an für sich ein Ding der Unmöglichkeit. Doch diese Studenten schliefen nur zwei bis drei Stunden und arbeiteten bis 17.00 Uhr. Denn sie mussten zu verschiedenen, oft weit voneinander entfernten Standorten ihrer Hochschule fahren, da ihre Fächer nicht überall angeboten wurden. Zusätzlich nutzten sie die Rückfahrten, um jeweils den anderen beiden vom Auto aus per Telefonkonferenz den aktuellen Stand zu vermitteln. An den Wochenenden, während der Pausen bei der Arbeit und nachts wurde gelernt.[3] Was früher nur von MBA-Studenten an Kaderschmieden wie dem INSEAD in Fontainebleau oder in St. Gallen praktiziert wurde, leben diese drei potenziellen Führungskräfte schon in der Basisausbildung, um schnell aufzusteigen.

Die Folgen solch eines Getriebenseins zeigen sich beim langjährigen Spitzenmanager: Er kann zum Gefangenen der eigenen Vision werden, sodass der Wunsch zu gestalten den Topmanager einen echten Knochenjob machen lässt. Auf der einen Seite steckt in einer Karriere solchen Stils viel Herzblut, auf der anderen Seite ist der Preis, der dafür zu zahlen ist, hoch. Die meisten identifizieren sich völlig mit ihrem Job. Die Karriere ist nicht Teil ihres Lebens, sie ist ihr Leben. Sie steht im Mittelpunkt ihres

Handelns allein aufgrund der Zeit, die sie bei der Arbeit verbringen. Für viele wird sie damit zum einzigen Spielfeld, auf dem sie sich bewegen. Das ist verhängnisvoll, wenn die Arbeit wegbricht. Das Erreichen anderer Ziele wird verschoben: »Wenn ich irgendwann aussteige, ziehe ich das karitative Projekt in Afghanistan durch.« Der große Traum. Aber wann ist es so weit? »Du hast vielleicht schon die Mittel, um dich zurückzuziehen. Oder du wirst sie bald haben. Aber du kommst nicht los«, kommentiert ein befreundeter Geschäftsführer. Der Psychologe Mihály Csíkszentmihály, beschreibt, was sich bei Managern wie diesem einstellt: »Wenn sich jemand an ein ziemlich schwieriges Ziel wagt, von dem sich alle anderen Ziele logisch ableiten, wenn er alle Energie in die Entwicklung von Fähigkeiten steckt, um dieses Ziel zu erreichen, werden Handlungen und Gefühle harmonisch übereinstimmen.«[4]

Amerikaner bezeichnen diesen Antrieb als »Pen Power«, was im Deutschen dem Begriff »Gestaltungsmacht« entspricht. Topmanager wie Markus S. wollen einem Unternehmen vor allem einen eigenen Stempel aufdrücken und nehmen dabei viel Unbill im Alltag in Kauf.

Während Inhaber kleinerer Firmen mit dem Willen zu gestalten die Ärmel hochkrempeln, um ihr Unternehmen erfolgreich zu führen, müssen ihre Konzernkollegen sich in politischen Strukturen bewegen und Botschaften platzieren. Der Arbeitseinsatz ist derselbe. Topmanager großer Unternehmen stehen jedoch in der Öffentlichkeit, für sie geht es auch noch um Anerkennung und Bedeutung. Und es gibt viele Gründe, warum allein ihr Tagesgeschäft wie eine Dauerkrise wirkt. Als Geschäftsführerin eines Start-up-Unternehmens der IT-Branche sehe ich, was alles schiefgehen kann: Ein großes Kundenprojekt kommt nicht wie angekündigt. Der bereits als sicher angenommene und fakturierte Umsatz bricht plötzlich weg. Ein wichtiger Mitarbeiter kündigt. Immer ist etwas auszubügeln, und kein Tag läuft ab wie geplant oder, wie der Extelekom-Chef Kai-Uwe Ricke es in einem

Interview treffend formulierte: »Ab einer bestimmten Unternehmensgröße brennt immer irgendwo etwas. Oder man weiß nur noch nicht, dass irgendwo etwas brennt.«[5]

Das Korsett der täglichen Arbeitsbelastung lässt wenig Spielraum, um auf größere Störungen zu reagieren. Denn der Kalender eines Topmanagers ist meist auf Monate hinaus gefüllt, jede Minute ist durchgeplant. Es sind nicht nur die langen Arbeitszeiten – siebzig bis achtzig Stunden in der Woche sind keine Ausnahme –, gerade in internationalen Konzernen gehört oft auch eine exzessive Reisetätigkeit dazu. So kann ein Entscheidungsträger mit viel Verantwortung heute in Istanbul sein und morgen zu Verhandlungen mit dem größten Kunden nach Madrid aufbrechen. Am Ende der Woche fliegt er dann zur Tagung der vierhundert auf dem ganzen Globus verstreuten Führungskräfte nach Cancún, wo sie auf das neue Fiskaljahr eingeschworen werden sollen. Für zusätzliche Belastungen ist einfach keine Zeit mehr. Eine ungünstige Ausgangsbedingung, wenn eine Krise am Horizont dräut. Sie bringt alles durcheinander.

FALLBEISPIELE

Haben Sie Zeit für eine Krise?

Ob als Topmanager oder als Eigentümer eines kleinen Unternehmens: Schon vor Beginn einer Krise lässt das Tagesgeschäft kaum Raum für anderes. Ein mir bekannter Vorstand im Konzern, Helmut D., steht jeden Morgen eisern um 4.00 Uhr auf. Bei der Arbeit ist er um 5.00 Uhr. Die ersten Stunden hat er für sich reserviert, für das, was er »seine Denkarbeit« nennt, Anrufe und sonstige Störungen sind in der Zeit tabu. Als Erstes sichtet er die Probleme im Unternehmen, die vordringlich seine Aufmerksamkeit erfordern, und entscheidet, was er im Laufe des Tages erreichen will. Dabei geht er wie ein geschickter Billardspieler vor, der über Bande spielt – allerdings sind es keine Billardkugeln, die er hin- und herschiebt, sondern Menschen. Helmut D. macht oft nichts anderes als auszuloten, wer in seinem Business-Netzwerk wen in der Politik kennt. Zu Ersteren nimmt er dann Kontakt auf, um über den »kurzen Draht« die von ihm gewünschte Reaktion in den Kreisen der politischen Macht zu platzieren. Dieses strategische Planen bestimmt seinen Morgen, während der eigentliche Arbeitstag leicht bis 22.00, 22.30 Uhr abends andauert. Bis er ins Bett fällt, lassen Besprechungen, Telefonate, das »Verarzten« unzufriedener Großkunden nichts anderes zu. Und oftmals wird aus irgendeinem Grund dazwischengefunkt, was das Planen erschwert. Fremdsteuerung ist daher ein riesiges Thema, auch wenn der Kalender noch so gut gepflegt ist. Deswegen sind Helmut D. die Morgenstunden so heilig: Sie sind seine einzige Chance, der Arbeitsbelastung Herr zu werden und die anstehenden Aufgaben zu verteilen.

Ähnlich ergeht es Thorsten W. Er ist Geschäftsführer eines kleinen, aber feinen Beratungsunternehmens im Bereich Human Resources (HR) in Süddeutschland. Das Angebot seiner Firma umfasst Leistungen rund um Personalthemen wie Performance & Talent Management, Befragungen von Mitarbeitern etwa zum Arbeitgeberimage sowie Executive Search, also die Besetzung von Führungspositionen in Unternehmen. Thorsten W. übernimmt auch interimsweise das HR-Management bei Kunden. Nach anfänglichen Durststrecken direkt nach der Gründung läuft es. Mit etwa fünfundzwanzig angestellten Mitarbeitern sowie einem Netzwerk bewährter Freelancer berät er einen festen Kundenstamm. In seinem Bereich hat Thorsten W. sich auf dem Markt etabliert und genießt einen guten Ruf. Mehrere bedeutende große Unternehmen haben ihn auf ihrer Liste und bitten ihn bei Ausschreibungen um ein Angebot – eine wichtige Voraussetzung, um im Haifischbecken Beratungsbranche zu bestehen. Thorsten W. ist der Typ Entrepreneur, der ehrgeizig und extrem hart gegenüber sich selbst ist. Das war er schon immer: Während der studierte BWLer seiner Beratertätigkeit bei Roland Berger nachging, schrieb er seine Doktorarbeit. Thorsten W. beendete seinen Arbeitstag beim Kunden um 20.30 Uhr und legte anschließend Nachtschichten im Hotel ein. Auch die begrenzte Freizeit nutzte er, indem er sich bei Restaurantbesuchen mit

Freunden zwischendurch an einen Nachbartisch zurückzog und sich dort über sein Manuskript beugte.

Diesem Pensum ist Thorsten W. bis auf den heutigen Tag treu geblieben. Aufgrund des Margendrucks ist er gezwungen, selber zu fakturieren, was er als Geschäftsführer nebenbei macht. In einer Branche, die von kurzlebigen Aufträgen abhängig ist, heißt das: Thorsten W. betreut oft nicht nur ein Projekt, sondern mehrere kleine gleichzeitig. Ähnlich wie der Vorstand eines Konzerns schafft er solch ein Arbeitspensum nur mit äußerster Disziplin und indem er an fünf Tagen die Woche bis weit nach Mitternacht arbeitet und den Wecker auf 5.00 Uhr früh stellt. Auch am Wochenende kommt Thorsten W. nicht zur Ruhe, denn dann kümmert er sich um die administrativen Belange, die seine Rolle als Geschäftsführer mitbringt: Er kontrolliert Rechnungen und wendet sich – wenn es sein muss – persönlich an seine Kunden.

Sowohl Helmut D. als auch Thorsten W. nutzen das Wochenende zum Netzwerken in exklusiven Sport- oder Business-Clubs, sodass keine Zeit zum Abschalten, geschweige denn für eine eventuelle Krisenbewältigung bleibt.

Der Zeitmangel ist bei vielen Vorständen und Geschäftsführern ähnlich. Er führt zu extremer Effizienz, die sie bei der Arbeit an den Tag legen. Die Drehzahl ihres Handelns ist hoch, Entscheidungen treffen sie Schlag auf Schlag. Zeit, über diese nachzudenken, finden sie nicht. Nicht die einzelne geniale Entscheidung führt zum Erfolg, sondern die Masse an Entscheidungen bringt das Unternehmen voran.

Viele sind Meister darin, unangenehme Dinge zuerst zu erledigen. Und die gibt es zuhauf. Schwierige Personal- und Geschäftsentscheidungen sind zu treffen. Es muss gegengesteuert werden, wenn Geschäftsziele nicht erreicht werden. Der Alltag vieler Topmanager erfordert schnelles und praktisches Handeln, wobei der Manager bis über beide Ohren in seinen Themen drinsteckt und darüber hinaus fremdbestimmt ist. Er verbringt deutlich mehr Zeit damit, auf akute Anforderungen zu reagieren, als sich auf

Klausurtagungen vorzubereiten und sich mit strategischer Weichensetzung zu beschäftigen. Wie sagte Hubertus von Grünberg, Exvorstand und Aufsichtsrat des Reifenherstellers Continental, einmal treffend:»Unternehmertätigkeit ist zu 5 Prozent Kopfarbeit und zu 95 Prozent Muskelarbeit.«[6] Man beachte, nur fünf Prozent Strategie, wohingegen in der öffentlichen Meinung das Bild des visionären Konzernleiters vorherrscht, der sich tagein, tagaus in seinem Büro in der»Teppich-Etage« neue Grausamkeiten ausdenkt.

Das sind die Ausgangsbedingungen, wenn es zur Bewährungsprobe kommt: zur Krise im Unternehmen. Bei Topmanagern ist es dann vor allem die Außenwahrnehmung ihrer Rolle, die ihnen zu schaffen macht. Gerade an der Spitze großer, bekannter Unternehmen riskieren sie, an den Pranger gestellt zu werden. Die Öffentlichkeit will vor allem eines: überzeugende Firmenlenker. Fehler wirken nicht nur nach, sondern können aus dem Stand zur Ablösung führen.

FALLBEISPIEL

Kommunizieren Sie diplomatisch?

Der Vorstand Matthias F. musste nach einem größeren technischen Störfall das Versagen der von seinem Unternehmen betreuten IT-Systeme erklären – um 22.00 Uhr abends, sämtliche Kunden hatten einen Vertreter geschickt. Seine Begründung: Das Problem sei»technikinhärent«. Die Anwesenden reagierten empört, sie fühlten sich in ihren Sorgen nicht ernst genommen. Das Mandat des Vorstands wurde daraufhin nicht verlängert – seine gute Reputation aus fünf Jahren wurde ausgelöscht durch diesen einen Satz. Dabei war seine Antwort in der Sache korrekt gewesen. Trotzdem hätte Matthias F. beschwichtigen müssen und sagen sollen:»Wir arbeiten daran, dass so etwas nie wieder vorkommt.« Das war es, was die Kunden in dem Moment hatten hören wollen.

Das Beispiel zeigt, dass insbesondere Vorstände von Technikunternehmen wie Rechenzentren und überregional tätigen IT-Dienstleistern auf ihre Worte achten müssen. Denn die Systeme, die sie nach außen hin vertreten und verantworten, sind per se störungsanfällig, und Ausfälle sind nicht nur desaströs, sondern finden immer gleich in großer Aufmachung den Weg in die Presse. Die Aufmerksamkeit ist zu 100 Prozent garantiert.

Es steht außer Frage, dass Topmanager Fehler machen, wenn das Fahrwasser unruhig wird. Nicht nur solche, die ihnen wie im Beispiel aus Ungeschicklichkeit heraus unterlaufen. Topmanager treffen Entscheidungen, die falsch und von großer Tragweite sein können. Bleibt die beabsichtigte Verbesserung der Geschäftszahlen dann aus, stürzen sie. Hinzu kommt: Ihr Job ist in den letzten Jahren nicht gerade leichter geworden. Große Skandale der vergangenen Jahre, etwa die Bespitzelung von Mitarbeitern bei Firmen wie Schlecker und Lidl oder Bestechungsvorwürfe bei Siemens, haben die Öffentlichkeit noch kritischer werden lassen und die Aufmerksamkeit, was das Handeln von Managern angeht, noch einmal erhöht. Das ist nicht unbedingt gerechtfertigt, führt man sich vor Augen, wofür die meisten Topmanager ursprünglich angetreten sind. Da kommt die Haltung der Öffentlichkeit einem Misstrauensvotum gegenüber einer ganzen Klasse gleich.

Weiter erschwert wird der Job eines Topmanagers dadurch, dass er auch im eigenen Unternehmen kritisch beäugt wird. Er ist zudem immer das Vorbild für das gesamte Unternehmen, was Lutz von Rosenstiel, renommierter Professor für Organisations- und Wirtschaftspsychologie, sehr anschaulich beschrieben hat: »›Wer führt‹ – so sagt man ja häufig – ›hat das Ansehen.‹ Dies ist wörtlich zu verstehen. Führende werden von ihren Mitarbeiter(inne)n – und das lässt sich mit der Stoppuhr messen – besonders häufig und lange angesehen, wodurch deren Verhalten einen prägenden, vorbildhaften Einfluss gewinnt.«[7]

Es sind jedoch nicht nur die Mitarbeiter, die jeden Atemzug des Topmanagers registrieren. Hinzu kommen die anderen

Führungskräfte und der Aufsichtsrat. Ein Spitzenmanager muss also nicht nur umsichtig agieren, sondern auch darauf achten, was und vor allem wie viel er sagt. Er läuft ansonsten Gefahr anzuecken. Und zu kommunizieren ist oft genug Heikles, wie wir gesehen haben. Harte Einschnitte auf der einen Seite vornehmen, die eigene Existenzsicherung auf der anderen Seite betreiben: Ein Topmanager kann bei vielen Entscheidungen nicht gewinnen. Er sitzt zwischen allen Stühlen und kann es unmöglich allen recht machen. Seine Rolle bringt Konflikte mit. Der Job an der Spitze ist und bleibt also ein Schleudersitz.

Bei einer Aktiengesellschaft muss ein Topmanager zuallererst den Aufsichtsrat zufriedenstellen. Als Vorstand ist er Angestellter seines Unternehmens, und der Aufsichtsratsvorsitzende kann ihm das Vertrauen entziehen, weil er eine Aufsichtspflicht gegenüber abhängig Beschäftigten ausübt. In dem Fall gibt es kein Deuteln mehr, der Vorstand muss gehen.[8] Haben Sie den Showdown im Volkswagen-Konzern im April 2015 verfolgt, als der damals achtundsiebzigjährige Ferdinand Piëch seinem langjährigen Ziehsohn und dem damaligen Vorstandsvorsitzenden Martin Winterkorn das Vertrauen entzog? Er sagte dazu im *SPIEGEL*-Interview:»Ich bin auf Distanz zu Winterkorn.«[9] Der Bruch im Vertrauensverhältnis erfolgte nach über dreißig Jahren Zusammenarbeit.

Innerhalb eines Unternehmens erschweren zusätzlich Mitarbeiter, die den Topmanager zugunsten ihrer eigenen Interessen beeinflussen wollen, seine Arbeit. Sie zerren an ihm. Ein Vorstand hat mir einmal im Vertrauen gesagt:»Manchmal fühle ich mich, als leide ich unter Verfolgungswahn. Ich muss andauernd auf der Hut sein. Eigentlich versuchen alle, mich zu benutzen. Die meisten haben Hintergedanken, egal was sie nach vorne heraus sagen.«

Hinzu kommt der Neid anderer, den die mit der Position eines Topmanagers einhergehende Machtfülle mit sich bringt. Kollegen trachten nach dem Job des Managers, oder Widersacher betreiben politische Ränkespiele.

FALLBEISPIEL

Haben Sie das Heft in der Hand?

Als Teil einer Doppelspitze übernimmt Harald M. die Geschäftsführung der deutschen Niederlassung eines Konzerns. Der für das weltweite Geschäft zuständige Chef seiner Konzernsparte, ein Amerikaner, gratuliert überschwänglich mit den Worten:»Sie sind der künftige Mann an der Spitze unseres Konzerns.« Tatsächlich ist Harald M. nur die sogenannte Strohpuppe, denn sein Vorgesetzter hat von Anfang an einen seiner Vertrauten als neuen Konzernchef vorgesehen. Aufgrund der Compliance-Anforderungen des Unternehmens muss ihm, als einem Externen, jemand aus dem Unternehmen zur Seite gestellt werden, da er keinen Geschäftsteil eigenständig leiten darf. Die Wahl ist auf Harald M. gefallen, weil der amerikanische Spartenchef angenommen hat, dass Harald M. als willfähriger Erfüllungsgehilfe den anderen schalten und walten lassen würde. Harald M. durchschaut dies, übernimmt die Führung und wird daraufhin von seinem Vorgesetzten»kaltgestellt«: Wichtige Kommunikation wird an ihm vorbeigeleitet, er ist bei entscheidenden internationalen Abstimmungen außen vor und kann sich unter diesen Umständen nicht mehr lange an der Spitze der deutschen Geschäftseinheit behaupten.

Neider und Gegner scheuen auch nicht davor zurück, Intrigen zu spinnen. Je höher die Führungsebene, desto heftiger die Machtkämpfe gerade in größeren Unternehmen. Wer einmal oben angekommen ist, kann sich nicht ausruhen. Er muss zum »Meister im Obenbleiben« werden. Es geht darum, Koalitionen aus Verbündeten zu schmieden, die Schachzüge der Gegner vorauszuahnen, kurzum: Es geht um Politik im Unternehmen. Fachkompetenz spielt da eine untergeordnete Rolle. Darüber hinaus wird der Arbeitsalltag vieler Topmanager vor allem von Misstrauen regiert. Wem kann er überhaupt noch trauen, ohne dass er vermuten muss, dass jemand an seinem Stuhl sägt? Oder noch schlimmer, ihm das sprichwörtliche Messer in den Rücken sticht? Ich kenne viele Kollegen im oberen Management, die sich nur noch innerhalb ihrer Familie offen äußern. Besonders tragisch wird es, wenn diese als letztes Bollwerk wegbricht, zum Beispiel weil sie die extremen Arbeitszeiten nicht mehr hinnehmen möchte. Der Topmanager ist dann allein, was eine besondere und sehr schmerzhafte Art von Einsamkeit ist. Unter Umständen bleibt ihm dann nur noch übrig, drastische Konsequenzen zu ziehen. Der nachfolgende Fall eines Produktionsleiters zeigt es in aller Deutlichkeit.

FALLBEISPIEL

Sieht man Ihnen die Belastung auch schon an?

Ich beriet 2014 Mario K., den Produktionsleiter eines Herstellers in Süddeutschland mit über tausend Mitarbeitern. Wir hatten einen gemeinsamen Termin mit einem Lieferanten. Ich war schon früher eingetroffen und stand mit den beiden Sekretärinnen im Vorzimmer des Geschäftspartners. Es war behaglich warm, der Kaffee dampfte in der Tasse. Wir hatten schon einige Minuten Small Talk hinter uns, und das Eis war gebrochen. Wir standen zu dritt am Fenster, von wo aus wir einen guten Blick auf den Firmenparkplatz hatten, und konnten zusehen, wie der Produktionsleiter in seinem Porsche Cayenne vorfuhr. »Das kann nicht sein. Der ist doch mindestens sechzig«, entfuhr es einer der Sekretärinnen, als sie ihn sah. Dem Internet hatte sie entnommen, dass er erst achtunddreißig war. Ihre Kollegin kommentierte prompt und trocken: »Vielleicht doch. Es gibt Menschen, die vorzeitig altern.«

Was war geschehen? Die Ehe von Mario K. drohte zu scheitern, weil er regelmäßig bis tief in die Nacht hinein arbeitete. Er war so viel in der Firma, dass sein Kopf nicht mehr frei war für Privates. Jahre nach unserer Zusammenarbeit erfuhr ich, dass ihm seine Ehefrau nach dem Ehe-Aus eine zweite Chance geben wollte – unter der Bedingung, dass sein Leben nicht mehr so weitergehe wie bisher. Dies war der Warnschuss, den Mario K. verstand. Eine radikale Kehrtwende war die Folge: Um seine Frau zurückzugewinnen, kündigte er seinen Job beim Hersteller und bewarb sich bei einem Bildungsanbieter, wurde aber traurigerweise nicht genommen. Der dortige Geschäftsführer fand absurd, dass jemand mit so viel Verantwortung auf die Idee kommt, eine so viel »schlechtere« Position anzustreben. Nach herkömmlichen Maßstäben verkaufte sich der Produktionsleiter unter Wert, wo ihm doch mit achtunddreißig noch die ganze Welt offenstand. Er hätte alles erreichen können, aber er wollte nicht und zog einen Wechsel vor.

Jeder, der aus einem Team heraus in die Führungsriege aufgestiegen ist, kennt das Gefühl, isoliert und auf sich gestellt zu sein. Die alten Kollegen gehen plötzlich auf Abstand, beäugen einen misstrauisch, wissen nicht mehr, wie viel sie preisgeben können. Auf Geschäftsführerebene ist das oft nicht anders. Das gut funktionierende Führungsteam, wo sich alle gegenseitig stützen, ist in der »Teppich-Etage« leider mehr Ausnahme als Regel. Wohl all jenen Geschäftsführern oder Vorstandskollegen, die sich in ihrem »TMT«, wie der Kollegenkreis eines Topmanagement-Teams genannt wird, gut aufgehoben fühlen. Wenn das Messer in der Tasche bleibt, ist das eine gute Voraussetzung, um gemeinsam den Alligator in Schach zu halten.[10]

Welche Verhaltensweisen entwickelt ein Topmanager im Laufe der Zeit, um an der Spitze zu überleben? Die Härten und Machtkämpfe im Alltag zwingen manchen Topmanager zu drei Verhaltensweisen:

Rücksichtslos handeln im Wettbewerb: Viele Firmenlenker sind aufgrund ihrer Persönlichkeitsstruktur Wettbewerbstypen. Die ständige Bedrohung ihrer Position verstärkt eine in ihnen bereits angelegte Angriffslust und Aggressivität. Wettbewerbsdenken wird Trumpf. Sie handeln nach dem Motto »Ich gehe nach vorne, ich kämpfe und kontere Angriffe. Alles ist ein Spiel, das ich gewinnen will«.

Ein Vorstand hatte das Wettbewerbsprinzip so stark verinnerlicht, dass es irgendwann alles bestimmte. Für ihn ging es immer um Sieg oder Niederlage, koste es, was es wolle. Bei einem Freundschaftsspiel – das Fußballturnier war als freundschaftliche Begegnung angelegt, um den Zusammenhalt im Führungskreis zu fördern – kämpfte der Manager mit derart hohem Einsatz, dass er einem Mitspieler einen Bänderriss zufügte und dieser ins Krankenhaus musste. Kollegen der Topetage wie er leben irgendwann nur noch nach dem Gesetz des Stärkeren. Sie handeln nach dem Motto »Wir gegen die anderen«. Die Ansage eines Vorstands im Vorfeld von Vertragsverhandlungen ist dafür exemplarisch. Er sitzt am Kopfende des Besprechungstischs. Seine Wortwahl ist dem Militär entlehnt, und dementsprechend knallen die Worte auch wie Gewehrsalven durch den Raum: »Wir müssen Munition aufbauen für den großen Krieg. Da machen wir jetzt gar nicht mehr rum, wir werden jetzt mal fies. Die werden schon merken, dass es uns ernst ist. Wir werden gewinnen.« Auch seine Körpersprache unterstreicht das Gesagte. Er gleicht einer maximal zusammengepressten Feder, drückt Spannung bis zum Anschlag aus. Der Vorstand wartet anscheinend nur auf den Startschuss, um zu attackieren – und die anderen zu besiegen. »Wir gegen die anderen«: Diese Haltung kann verbale Blüten bis ins Absurde treiben, wie das Zitat des Vertriebschefs eines Technologieunternehmens zeigt, der seine Mannschaft wortgewaltig auf den Kampf gegen die Konkurrenten einschwor: »Ihr müsst die wie Stiere an Nasenringen hinter euch herziehen.«

Im Kampf gegen die Krise kann ausschließlich auf Wettbewerb ausgerichtetes Denken und Handeln – je nach Phase der Krisenbekämpfung – Vor- und Nachteile haben. In der Regel schmälert es die Erfolgsaussichten eines Topmanagers nicht wirklich, befördert sie aber auch nicht unbedingt. In Hinblick auf den Zusammenhalt eines Teams in der Krise kann es diesen sogar erhöhen, wenn es dem Manager gelingt, seine Mannschaft auf einen gemeinsamen Gegner einzuschwören, und er diesen zu vernichten gelobt.

Handeln ohne innere Beteiligung: Manche Firmenlenker distanzieren sich innerlich von ihrer Rolle und klammern sich als Privatperson im beruflichen Alltag komplett aus. Innerlich sind sie unbeteiligt oder, um ein Wort aus der Psychologie zu bemühen: Sie »entemotionalisieren sich«. Im Grunde agieren sie wie Schauspieler, die wissen, was von ihnen erwartet wird, und daraufhin das gewünschte Verhalten zeigen. Damit wollen sie sich schützen. Der Grund ist Angst vor der Öffentlichkeit. Warum das so ist und wohin sie führen kann, fasst der Exvorstand für das Ressort Personenverkehr bei der Deutschen Bahn, Christoph Franz, zusammen:»Die Schwächen von Menschen an der Spitze werden heute aufs Silbertablett gehoben, und dann schalten die Medien ihre Scheinwerfer an. Wir sind zu einer Gesellschaft der Entrüsteten geworden ... Da muss man doch mal fragen: Wer will Führungsroboter und Teflon-Menschen, die keinerlei Ecken und Kanten mehr haben?«[11]

Sebastian R. ist Geschäftsführer einer Firma im Nahrungsmittelsektor. Er hat einmal offen bei einem gemeinsamen Abendessen in London seine Stimmungslage gespiegelt:»Ich weiß, ich muss zuversichtlich rüberkommen. Alle erwarten, dass ich der tolle Hecht bin und meiner Sache 100 Prozent sicher. Ob ich das wirklich fühle oder nicht, interessiert keinen. Es ist mir mittlerweile egal, ich gebe ihnen, was sie wollen. Manchmal komme ich mir dabei vor, als wäre ich eigentlich gar nicht mehr wirklich dabei.« Sebastian R. musste damals ein großes Restrukturierungsprogramm durchpeitschen, das mit harten Einschnitten für alle, Führungskreis und Mitarbeiter, verbunden war.

Hat sich der Chef, der ursprünglich einmal angetreten ist, um seine Vision in die Welt zu bringen, zum desillusionierten »Handtuchhalter« gewandelt? O-Ton eines Topmanagers aus der deutschen Niederlassung eines internationalen Konzerns:»Was glauben Sie denn? Wenn Sie wie ich in der Geschäftsführung sind und ein neuer Blueprint für die Organisation wird von der Zentrale im Ausland vorgegeben, dann führen Sie den ein, basta, auch wenn Sie wissen, dass Sie damit Kunden vor Ort verlieren werden. Widersprechen lohnt sich nicht.« Auch diese Reaktion kann es also in einem Job geben, bei dem Machtfülle an und für sich zur Grundausstattung gehört: ein Kapitulieren vor den Zwängen der Position. Ich habe diese Reaktion allerdings weniger bei Topmanagern kleiner Firmen als in Konzernen erlebt, wo Topmanager irgendwann alles tun, um nicht an den öffentlichen Pranger gestellt zu werden.

Bei einer Krise kann diese Haltung zum entscheidenden Nachteil werden, denn der Firmenlenker ist nicht mehr mit Herzblut bei der Sache. Er mag für die Firma kämpfen, tut dies aber ohne innere Beteiligung. Gerade eine Ausnahmesituation, wie sie während einer Krisenbekämpfung herrscht, erfordert, Ecken und Kanten zu zeigen. Ein Manager muss Profil und Rückgrat beweisen und entsprechend agieren. Folglich sind Manager mit dieser Einstellung nicht gut aufgestellt, um der Krise ein Schnippchen zu schlagen.

Andere manipulieren: Genau gegensätzlich zu Typ zwei verhält sich ein kleiner Teil der Topmanager. Er spielt die Machtfülle seiner Position aus und handelt skrupellos. Bei diesen Führungskräften kommt die »dunkle Seite der Macht« zum Vorschein. Der emeritierte Professor für Soziologie, Eugen Buß, stellt mit Hinblick auf Vorstände fest: »Ein Drittel der Manager in meiner Studie sagt dezidiert: Wenn man stets nach moralischen Maximen handelt, kommt man nicht an die Spitze.«[12]

Dieser Typ Manager nutzt seinen Spielraum bis zum Äußersten aus. Er ist derjenige, der im Fußball auf der Linie spielt und Grenzen ausreizt, bis sein Verstoß entdeckt wird. Oft geht dieses Verhalten einher mit einer egoistischen Haltung, wobei der Manager die eigene Person in den Mittelpunkt stellt. Und unliebsame Konkurrenten beißt er gnadenlos weg. »Dann hätte ich eben eine

Intrige gesponnen, um denjenigen loszuwerden«, sagte mir neulich ein Geschäftsführer aus der regionalen Gründerszene, als wir den Konflikt eines Firmenchefs mit einer Führungskraft diskutierten. Manager wie er genießen es geradezu, andere zu manipulieren. Einige machen sich einen Sport daraus, sie wie Figuren auf einem Spielfeld zu bewegen:»Man braucht nur an der richtigen Stelle ein Lob auszusprechen, und die Menschen laufen lustig los. Das kostet mich überhaupt nichts. Ich mache das ja im Interesse der Firma und schade auch niemandem. Da darf ich das.«[13] Dieses Zitat stammt vom Vorstandsvorsitzenden der ehemaligen MAN-Tochter Ferrostaal, Matthias Mitscherlich. Er ist übrigens der Sohn der bekannten deutschen Psychoanalytiker Alexander und Margarete Mitscherlich.

Manipulation von anderen zugunsten einer großen Sache auf der einen und diebische Freude am Strippenziehen auf der anderen Seite: Der Grat zu einem Verhalten, das die denkbar schlechteste Ausgangssituation für eine erfolgreiche Krisenbekämpfung darstellt, kann schmal sein.»No chance at all«, die Aussicht, bei der Krisenbewältigung langfristig erfolgreich zu sein, tendiert gegen null, wenn ein Manager vorher als»Menschenfresser« unterwegs gewesen ist – diese Bezeichnung hat sich mir während meiner Begegnungen mit diesem Typ Manager geradezu aufgedrängt.

Kein Manager mit dem Anspruch, eine Krise erfolgreich zu bekämpfen, kann es sich leisten, auf Moral zu verzichten. Wir haben es hier mit nicht weniger als dem K.-o.-Kriterium zu tun.

FALLBEISPIEL

Behandeln Sie andere mit Respekt?

Ein Beraterkollege, ganz am Anfang seiner Laufbahn, hatte folgende Aufgabe: Für einen Vorstandchef sollte er eine internationale Führungskräftetagung moderieren. Nobler Rahmen, ein exklusives Hotel auf Mallorca Anfang November, Blick auf das blaue Mittelmeer. Die

Veranstaltung ist bis dato gut gelaufen, die Stimmung ist gelöst. Der Vorstandschef hat seinen Auftritt bereits gehabt und sitzt in der Pause entspannt plaudernd im Kreise seiner Mitvorstände am runden Tisch direkt vor der Bühne. Als Moderator ist mein Kollege verantwortlich für den Ablauf der Veranstaltung. Sein Handy klingelt, die Sekretärin eines der geplanten Vortragenden meldet sich, ihr Chef könne leider nicht kommen, weil sein Flug wegen Schneesturms in der österreichischen Heimat deutlich verspätet sei. Mein Kollege hat speziell für solche Fälle einen Plan B entwickelt. Es gibt einen weiteren Vertragsredner, der sich auf der Tagung aufhält und sofort einspringen kann. Mit dieser Botschaft im Gepäck geht mein Kollege also zum Tisch des Vorstandsvorsitzenden, um die Änderung in der Agenda mit ihm abzusprechen. Der ist offensichtlich tief ins Gespräch mit seinem Mitvorstandskollegen versunken. Aber: Er hat meinen Kollegen gesehen, als dieser auf ihn zugetreten ist – ihre Blicke haben sich gekreuzt. Mein Kollege stellt sich also vor ihn hin, wartend, um seine Botschaft anzubringen. Und: nichts. Der Vorstand unterbricht sein Gespräch – das übrigens um seine kürzlich begonnene private Flugausbildung geht – nicht, auch nicht nach einigen endlos lang erscheinenden Minuten. Mein Kollege ist für ihn wie Luft, nicht existent. Nach einigen Minuten, in denen die Peinlichkeit für die Übrigen am Tisch steigt, erbarmt sich einer der Mitvorstände aus der Runde. Er fragt, was denn das Anliegen des jungen Mannes sei – obwohl es gar nicht seine Sache ist. Der Vorstandsvorsitzende, dessen Veranstaltung mein Kollege eigentlich für ihn als Dienstleister durchführt, schaut nicht einmal auf.

Ich habe mich schon damals gefragt, als ich diese Geschichte hörte, was den Vorstand bewogen hat, den Kollegen so – verächtlich, missachtend und herabsetzend – zu behandeln? Es ist kein Geheimnis und auch kein neues Phänomen, dass Menschen in der Position eines Topmanagers sich verändern. Man denke an die vielen (vermeintlichen) Privilegien, die mit der wachsenden Verantwortung einhergehen. Werden sie zwangsläufig zu »Arroganzlingen« in Nadelstreifen, der Vorstufe des Menschenfressers?

»Als Menschenfresser unterwegs sein« – zugegebenermaßen eine krasse Beschreibung ihres Schaltens und Waltens. Aber zutreffend für diesen Teil der Spitzenmanager, der andere Menschen missachtet und manipuliert. Aus meiner eigenen Erfahrung »verführt« die Machtfülle, die ihrer Position innewohnt, tatsächlich einen bestimmten Prozentsatz. Konservativ geschätzt, verhält sich mindestens ein gutes Drittel der mir bekannten Manager, wie es ein Geschäftsführer trocken auf den Punkt gebracht hat: »Im Job bin ich ein Arschloch. Ich weiß das. Dazu stehe ich. Privat bin ich ganz anders.« Seine Worte beschreiben die Haltung eines Menschenfressers ziemlich gut – die Beschreibung seines privaten Verhaltens habe ich ihm allerdings nicht abnehmen können.

Der Menschenfresser verhält sich vor allem wechselhaft. Er ist launisch und unberechenbar. Sein Verhalten ähnelt dem von zwei anderen Typen von Managern, die in den vergangenen Jahren für Aufsehen sorgten: der Narzisst und der Psychopath. Beim Narzissten dominiert das Ego alles andere. Der Psychopath genießt es, andere gegeneinander auszuspielen.

Bei diesen beiden liegt übrigens eine »echte«, nämlich eine zu diagnostizierende Persönlichkeitsstörung vor. So sind etwa beim Psychopathen jene Bereiche im Gehirn weniger aktiv, die mit Angst zu tun haben.

Psychologen schätzen, dass der Anteil von Psychopathen und Narrzissten unter den Chefs etwa 6 Prozent beträgt. Das klingt erst einmal nach wenig. Sie sind aber im Topmanagement im Vergleich zur Gesellschaft überproportional zahlreich vertreten, denn in der Bevölkerung gibt es nur etwa vier Prozent Narzissten und um die ein bis zwei Prozent Psychopathen.

Manfred Kets de Vries, Psychoanalytiker und Direktor der INSEAD Business School, ist sogar der Ansicht, dass eine Managementposition überhaupt nicht ohne einen gewissen Narzissmus erreicht werden kann.

Der Menschenfresser im Topmanagement ist deswegen so gefährlich, weil er für sein Umfeld wie der typische Wolf im

Schafspelz daherkommt. Er verhält sich nicht durchgehend narzisstisch oder psychopathisch, sondern wirkt über weite Strecken wie jeder andere Chef auch. Aber wehe, es wird brenzlig, er sieht seine eigenen Pfründe bedroht oder ist auch nur unbeobachtet. Dann offenbart er seine dunkle Seite. Er zeigt folgende Merkmale:

Er dominiert: Die deutsche Geschäftsführerin eines amerikanischen Technologiekonzerns hält eine Rede vor ihren Mitarbeitern. Hinterher kommentiert ein Teilnehmer:»Bei ihr kam nur eines vor – ich, ich, ich. Dabei soll es doch um uns gehen.«

Der Vorstandsvorsitzende eines Konzerns für Hydraulikpumpen und ehemalige Strategieberater hat einmal den Stoßseufzer getan:»Ich wünschte, es würde in diesem Unternehmen einmal gute Gehirne vom Himmel regnen.« Er bezog sich damit auf die Eignung der Mitarbeiter seines Unternehmens, die er seiner eigenen Kompetenz weit unterlegen empfand. In die gleiche Kerbe stieß ein Geschäftsführer:»Bei den Mitarbeitern musst du Spoon-Feeding machen, sonst klappt das nicht.« Er wollte damit sagen, dass er ihnen jeden Sachverhalt mundgerecht zubereiten und vorkauen muss, damit sie etwas verstehen. Manchmal zielen Bemerkungen wie diese sogar auf die oberste Führungsebene eines Unternehmens. Zitat eines anderen Geschäftsführers:»Der ist ja so blöd, der findet ja nicht mal in seine Unterhose hinein.« Er bezog sich auf niemand Geringeren als seinen wichtigsten Kunden.

Wenn das eigene Ego alles dominiert, hat das unmittelbare negative Konsequenzen für den Unternehmenserfolg, wie eine bekannte Untersuchung aus dem Jahr 2002 von Jim Collins, Exprofessor für Entrepreneurship an der Stanford University, belegt. Collins untersuchte den Einfluss des Verhaltens von Unternehmenslenkern auf die Entwicklung der Aktienkurse US-amerikanischer Unternehmen von Anfang der Siebziger- bis Ende der Neunzigerjahre. Er fand heraus, dass Manager mit überzogenem Ego an der Unternehmensspitze verantwortlich für Mittelmäßigkeit oder sogar für das Scheitern ihres Unternehmens sind. Erfolgreich sind dagegen die Vergleichsunternehmen, in denen Topmanager ihre eigenen Interessen und ihr Ego zugunsten des Unternehmenserfolgs zurückstellen.[14] Ein überzogenes Ego kann bei einem Topmanager so weit gehen, dass er andere öffentlich bloßstellt.

FALLBEISPIEL

Applaus für Sie?

Großveranstaltung eines internationalen Technologieunternehmens in den USA. Mehrere Tausend Mitarbeiter aus den unterschiedlichsten Ländern füllen die große Halle. Der Event ist der Startschuss für das nächste Fiskaljahr, die Mitarbeiter sollen auf die neuen Sales-Ziele eingeschworen werden. Es ist die perfekte Show – gute Bühnenbeleuchtung, drei überdimensionale Projektionsflächen sind für PowerPoint-Schlachten vorgesehen, die Sprecher können ihre Vorträge bei Bedarf von einem kleinen Teleprompter vor ihnen am Bühnenrand ablesen. Nach amerikanischem Muster begleitet emotional stark aufgeladene Musik den Auftritt der Führungsriege. Es ist nahezu unmöglich, emotional unbeteiligt zu bleiben. Die Lichtkegel auf der Bühne wechseln von Rot in angenehmes Blau, als der CEO auf die Bühne kommt – nein, auf die Bühne stürmt. Sein Vortrag dauert eine halbe Stunde und ist schnell zusammengefasst. Er ist perfekt inszeniert, genau richtig im Timing und mitreißend. Großer Applaus.

Der Moderator tritt zum CEO auf die Bühne und wendet sich dann ans Publikum: »Noch Fragen an den CEO?« Ein Mitarbeiter offensichtlich asiatischer Herkunft mit starkem Akzent stellt eine unbequeme Frage zur Zukunft einer umstrittenen Produktreihe. Der CEO runzelt, auf den drei Projektionsflächen gut erkennbar, sichtlich irritiert die Stirn. Seine Antwort kommt wie aus der Pistole geschossen und ist nicht freundlich. Mehr noch: Er macht sich lustig und gibt den Fragenden zehn quälend lange Minuten der Lächerlichkeit preis – vor ein paar Tausend Leuten. Er sagt:»Lernen Sie erst mal richtig Englisch, bevor Sie mit mir sprechen. Das kann man sich ja gar nicht anhören. Und Ihre Frage meinen Sie nicht wirklich ernst. Jedes Kindergartenkind weiß mehr als Sie darüber. Vielleicht sollten Sie erst mal mit denen sprechen?«

Er kennt keine Empathie. »Du musst FiFo mit den Mitarbeitern machen – fit in or fuck off.« Damit wollte ein Manager seine Mitarbeiter »gefügig« machen. Es würde sie zwar einschüchtern, aber sie würden in dem Wissen darum alle spuren. Andere Topmanager dieses Formats sprechen davon, dass man »in Blut waten« oder dass »Blut spritzen« müsse, wenn Personalmaßnahmen durchzusetzen sind.

Im Kampf um die Spitzenpositionen innerhalb einer Firma setzen sich in der Regel die Manager durch, die am ehrgeizigsten und am skrupellosesten sind. »Entscheider mit aggressivem Führungsstil werden rasch befördert. Auch Kreative steigen schnell auf. Nur mangelt es diesen Cheftypen oft an Empathie«, so heißt es in einem Artikel in der *Wirtschaftswoche* aus dem Jahr 2011.[15] Letzteres ist keine Seltenheit in unseren heutigen Chefetagen. Mit Sorge entnehme ich der Entwicklung der letzten Jahre, dass sich der Stil an der Spitze von Unternehmen ändert. Menschliche Belange finden immer weniger Beachtung, während die Zahlen überbetont werden. In den Topetagen sind mittlerweile viele ehemalige Berater vertreten. Diese neue Managergeneration ist sehr gut ausgebildet. Es handelt sich um promovierte Naturwissenschaftler, Informatiker oder Techniker. Forschungsergebnisse zeigen, dass sich vor allem jene, die jünger als vierundvierzig Jahre sind, an Zahlen orientieren. Key-Performance-Indikatoren (KPI), wie Kennzahlen im Vorstandsjargon heißen, und die Messbarkeit von Erfolg sind ihre Handlungsmaxime. Emotionen und Empathie klammern sie bewusst aus, weswegen sie in Studien schon mal als »harte Hunde« bezeichnet werden.[16] »Wir reden nicht über Sentimentalitäten, wir reden übers Geschäft. Dafür haben wir keine Zeit«, hörte ich von vielen Chefs dieses Typs, die ich beraten habe. Die persönlichen Befindlichkeiten der Belegschaft betrachten sie als nachgelagertes Problem. Auch stimmen sie häufiger als alle Vertreter höherer Altersgruppen der Aussage zu, dass »die Diskussion um ethische Richtlinien im globalen Wettbewerb unrealistisch« sei.[17]

FALLBEISPIEL

Sind Sie ein harter Hund?

Carsten H. ist Mitte dreißig, ein erfolgreicher Unternehmer in der boomenden IT-Branche. Seine Firma ist in zwei Jahren von zwei auf fünfunddreißig Festangestellte gewachsen. Das ist nichts Ungewöhnliches, und es ist davon auszugehen, dass die Firma expandieren und weitere Mitarbeiter einstellen wird. Ihr Erfolg liegt in der Persönlichkeit von Carsten H. begründet. Er ist davon besessen, sein Unternehmen erfolgreich zu machen. Dafür holt er sich die besten auf dem Markt verfügbaren Köpfe. Er schreckt dabei auch nicht vor unkonventionellen Methoden zurück. Mitarbeiter der Wettbewerber abwerben? Kein Problem. Konkurrenten im Rennen um lukrative Aufträge mit unlauteren Mitteln ausschalten? Es geht schließlich darum, die Firma nach vorne zu bringen. Diesem Ziel hat Carsten H. alles untergeordnet und zieht im Verborgenen seine Fäden, um sich gegen Widersacher durchzusetzen.

Carsten H. überlässt nichts dem Zufall. Dafür hat er stets nicht nur einen Plan B parat, sondern auch einen Plan C und einen Plan D. Er arbeitet extrem viel und handelt effizient. Im Umgang mit anderen scheint er stets freundlich, er netzwerkt auch. Aber er wirkt meist distanziert. Für Persönliches hat er keine Zeit. Begeht jemand einen Fehler, verzeiht er den nur schwer. »Da finde ich schon einen Grund dafür, dass diese Person weggeht.« Natürlich meint er damit, dass er denjenigen schon dazu bringen wird, aufzugeben und zu kündigen. Die, die ihm gefährlich werden können, beißt er weg. Andere wiederum, die ähnlich dominant sind wie er, duldet er nicht neben sich. »Die kann ich ja nicht steuern.« Verständlich, dass er damit so manchen vor den Kopf stößt. Er nimmt es in Kauf – um des Erfolgs der Firma willen.

Ein Einzelfall? Eher nicht, wenn man einem im Februar 2015 im SPIEGEL erschienen Artikel über die neue Elite im amerikanischen Silicon Valley Glauben schenkt: »Nach allem, was man hört, ist Travis Kalanick, Gründer und Chef von Uber, ein Arschlosch. Er beschimpft seine Konkurrenten öffentlich und macht sich auf Twitter über seine Kunden lustig ... Proteste seiner Fahrer über schlechte Bezahlung beantwortet er mit der Prognose, dass sie in Zukunft ohnehin durch Computer ersetzt würden.«[18]

Er missachtet andere. Die Forschung betont unermüdlich, dass Wertschätzung der Mitarbeiter und leitenden Angestellten ein Kernelement erfolgreicher Unternehmensführung ist. So wird im Ergebnis der Studie der Wertekommission von 2014 hervorgehoben, dass Führungskräften in Deutschland persönliche Anerkennung (und individuelle Entwicklungsmöglichkeiten) seitens ihres Arbeitgebers besonders wichtig sind. Allerdings ist es das, was ihnen am meisten fehlt: Wunsch und Realität liegen weit auseinander – was sich eindeutig negativ auf ihre Motivation auswirkt.[19]

Gerade Topmanager sollten Führungskräfte und Mitarbeiter mit Respekt behandeln, hat eine Studie der Kühne Logistics University in Hamburg ergeben. Tun sie es nicht und verletzen stattdessen Regeln des zwischenmenschlichen Umgangs, führt das zu Unzufriedenheit, dem häufigsten Grund für den Wunsch, den Job zu wechseln.[20] Es ist etwas Wahres dran, dass engagierte Mitarbeiter eine Arbeit annehmen, weil sie ihnen inhaltlich zusagt, dann aber wieder gehen, weil die Führungsqualitäten des Vorgesetzten unzureichend sind und der Mitarbeiter darunter leidet.

Beim Menschenfresser hapert es genau an diesem Punkt. Er hat keinen Respekt gegenüber Mitarbeitern. Ein Beispiel: Die Geschäftsführung eines großen Dienstleistungsunternehmens führt eine »Dialogveranstaltung zur Restrukturierung« durch. Es ist die fünfte Restrukturierung innerhalb weniger Jahre. Ein Mitarbeiter stellt im Plenum die Frage, woher die Geschäftsführung ihren Optimismus nehme, dass diese erneute Restrukturierung erfolgreich sein werde. Die Antwort des Geschäftsführers lautet: »Optimismus ist eine grundlegende menschliche Tugend.« Die eigentliche Frage lässt er unbeantwortet. Fortan bleibt etwas Unausgesprochenes zwischen der Geschäftsführung und den Mitarbeitern stehen. Ein Graben trennt die zwei feindlichen Lager: »Die da oben, denen man nicht trauen kann«, und »die da unten, die nur ausgenutzt werden«.

Bei der Übernahme eines süddeutschen Fertigungsbetriebs durch einen Technologiekonzern wurden Standorte aufgelöst. Monatelang war nicht klar, was mit den Mitarbeitern passieren würde. Am Ende schafften nur zwei von über sechzig Mitarbeitern den Sprung in die Zentrale. Die meisten entschieden sich für die Arbeitslosigkeit, weil ihnen nicht wirklich eine Wahl gelassen wurde: Erfüllungsort laut Vertrag wäre fortan Norddeutschland gewesen. Und die räumlich gebundenen Mitarbeiter konnten diesen Ortswechsel nicht vornehmen. Im Vorfeld hatte sich das Management im Rahmen einer Veranstaltung ihren Fragen gestellt. Ein hilfloser Mitarbeiter wollte wissen, was er denn jetzt tun solle, nachdem seine Aufgaben weggefallen seien. »Seien Sie doch froh, dass Sie jetzt endlich mal Zeit haben, Ihr Haus zu renovieren«, wurde ihm erwidert. Ein anderer Mitarbeiter erinnert sich immer noch fassungslos an das Verhalten der Topmanager: »Das Management hat nicht nur verbrannte Erde hinterlassen – die war radioaktiv verseucht.« Es gibt viele solcher Beispiele. Nicht umsonst urteilt ein Strategieberater nach seinem Einsatz in einem Konzern aus der Nahrungsmittelindustrie: »So einen brutalen Ton im Umgang mit den internen Mitarbeitern habe ich noch nie gehört.«

Besonders schwer wiegt fehlende Wertschätzung, wenn die Unternehmenskultur durch Menschenfresser an der Spitze buchstäblich »vor die Hunde« geht. Eine offene Misstrauenskultur ist die Folge. Kommt jetzt noch eine Krise dazu, ist das der Todesstoß. Folgendes Beispiel zeigt die Auswirkungen fehlender Wertschätzung besonders drastisch.

FALLBEISPIEL

Zeigen Sie Wertschätzung?

Ein Projekt der deutschen Entwicklungshilfe im Süden Brasiliens, Bereich Wirtschaftsförderung. Es ging darum, die Qualität des Produktionsablaufs von zehn Firmen zu steigern. Mittel der Wahl war die Einführung von Total-Quality-Management, einem seinerzeit populären Managementstil nach amerikanisch-japanischem Muster. Eines der Unternehmen war ein paar Hundert Mann stark und stellte aus Plastikgranulat Joghurtbecher und Folien her. Während ich das Projekt begleitete, lud mich der Chef ein, als Zaungast an einer Veranstaltungsreihe mit dem Titel »Frühstück mit deinem Direktor« teilzunehmen. Er war sichtlich stolz, dieses sehr demokratische, als Mittel zum Dialog mit den Mitarbeitern angelegte Werkzeug anzubieten.

Die Treffen liefen samt und sonders nach dem gleichen Muster ab: Eine große Tafel in der Kantine – gewöhnlich Führungskräften vorbehalten – wurde eingedeckt und mit allerlei delikaten Köstlichkeiten bestückt. Die Mitarbeiter der Produktion, die sonst nie Zugang zu diesem Bereich hatten, saßen einigermaßen verschüchtert am Tisch, der Firmenchef am Kopfende. Die Mitarbeiter waren befangen, keiner sagte etwas. Der Boss hingegen gab sich entspannt-jovial und hielt erst einmal eine Rede über die Vorzüge der Veranstaltung. Das dauerte um die zwanzig Minuten. Danach blieb noch eine Dreiviertelstunde, in der er mit einzelnen Mitarbeitern versuchte, ein Gespräch zu führen. Dabei »legte er ihnen Worte in den Mund«. Das schüchterte die Mitarbeiter jedoch ein, befangen fassten sie sich kurz. Das »Frühstück mit deinem Direktor« sollte das Betriebsklima verbessern und infolgedessen die Qualität der Produktion erhöhen. Fehlanzeige.

Die Reaktion der Mitarbeiter auf diese Veranstaltungen hätte nicht schlimmer sein können: Sie verübten Sabotage. Die Produktion von Plastikfolien ist äußerst anspruchsvoll, da sie absolute Hygiene erfordert. Die zuständigen Werksarbeiter tragen Hauben, damit herabfallendes Haar die Qualität der empfindlichen Folien nicht mindert. Im weiteren Projektverlauf setzten Mitarbeiter nicht nur ihre Hauben ab, wenn kein Vorarbeiter hinsah, sondern zerstörten auch absichtlich Werkzeug.

Das Ziel – Anhebung der Produktionsqualität durch die Einführung von Total-Quality-Management – verkehrte sich ins Gegenteil. Ich bin noch heute davon überzeugt, dass die Mitarbeiter auf diese Weise ihre Wut auf die fehlende Wertschätzung ausdrückten. Sicherlich war das nicht der alleinige, aber ein mitbestimmender Faktor für die Sabotage der Mitarbeiter.

Er missbraucht seine Macht. Im Umgang mit anderen Macht auszuspielen und dadurch dauerhaft Porzellan zu zerschlagen – auch darin sind Menschenfresser gut. Ein passendes Beispiel dafür ist der Chef einer mittelständischen Firma, der die Teilnehmer einer regelmäßig stattfindenden Führungskräfterunde innerhalb seines Unternehmens erst einmal kleinredete. Sein Verhalten sprach sich herum, und irgendwann blieben die Beiträge der anderen aus. Darüber beschwerte er sich offen in einem kreativen Strategiemeeting. Betretenes Schweigen, bis eine Führungskraft schließlich doch noch das Wort ergriff und eine Idee vortrug, woraufhin der Chef prompt reagierte: »So kann man das ja gar nicht sehen.« Als direkter Vorgesetzter war er dafür bekannt, seine Untergebenen auch mal anzuschreien: »Du brauchst Montag gar nicht mehr zu kommen!« Davon ließ sich der Mitarbeiter aber nicht abhalten und erschien wie gewohnt in der Firma. Sein Chef hatte zwar nicht die Chuzpe, sich zu entschuldigen, gestand aber immerhin: »Du weißt doch, ich muss die Spirale immer weiter drehen, sonst geht es irgendwann abwärts.«

Wie fühlt man sich, wenn ein Topmanager so seine Macht

demonstriert? Ich habe es selbst erlebt, als ich den Geschäftsführer eines Technologiekonzerns gecoacht habe. Schon bei seiner Ankunft waren seine stampfenden Schritte zu hören. Den Raum soeben betreten, streckte er mir auch schon seine Hand zum Gruß entgegen. Eh ich mich versah, griff er die meine, hielt sie mit nach oben gestreckten Daumen so fest, dass es fast wehtat, als er sie schüttelte. Nach einer knappen Begrüßung – Small Talk Fehlanzeige – kam er sofort auf sein Anliegen zu sprechen. Er fasste sich extrem kurz, auf »Bullet-Point-Ebene« beziehungsweise im präzisen Telegrammstil. Während des gesamten Gesprächs sah er mich selten direkt an. Als wir fertig waren, fragte er:»War's das?«, und noch bevor ich mich verabschieden konnte, war er auch schon verschwunden. Ich rieb mir die Augen und fragte mich verblüfft:»Was war das denn?« Mein Eindruck war, von dem Kollegen als Person überhaupt nicht wahrgenommen worden zu sein und ihm als Mülleimer für seine Probleme gedient zu haben. Ich sprach mit einer erfahrenen Trainerin für Körpersprache über diese Begegnung. Sie erklärte, bei seinem Verhalten gehe es um die direkte Ausübung von Macht. Sie interpretierte die Art, wie mir der Geschäftsführer die Hand gegeben hatte – spontan vorstreckend, mit erhobenem Armgelenk, den Daumen nach oben durchgestreckt, meine eigene Hand hart umgreifend und dabei drehend – als eindeutige Geste, mich zu unterwerfen. Sein sprachlicher Telegrammstil war ein klares Signal dafür, das Gespräch zu dominieren, ohne mir auch nur eine winzige Chance zu geben, mich daran zu beteiligen.

Er verstößt gegen Regeln: Ein amerikanisches Unternehmen schreibt sich auf die Fahne,»immer ethisch zu handeln«. Das geht so weit, dass die Mitarbeiter in regelmäßigen Abständen Trainings zum Thema absolvieren und unterschreiben müssen, das Gelernte auch im Alltag zu befolgen. Im gleichen Unternehmen ordnete ein Topmanager – an einen Mitarbeiter gerichtet – einen Verstoß gegen die SOX-Compliance an, also gegen das

Regelwerk der amerikanischen Börsenaufsicht. Laut firmeninterner Richtlinien ein Kündigungsgrund für den Verursacher. Das machte dem Topmanager nichts aus, denn er wollte die Zahlen für das laufende Quartal »retten«. »Das Gespräch zwischen uns hat es aber nie gegeben«, sagte er dem Mitarbeiter im Vertrauen. Und fügte noch hinzu: »Ich erwarte, dass die Sache bis nächste Woche erledigt ist.«

Andere holen sich Berater ins Haus, damit diese in Angriff nehmen, was sie sich selber nicht zutrauen. Den unliebsamen Kollegen in der Führungsriege loswerden? Hier lautet das an den Berater gerichtete Briefing: »Na, da wollen wir mal dessen Telefonrechnungen anschauen. Seine Reisekosten. Die Spesenabrechnungen generell. Und das gleichen wir dann mit den Firmen-Policies ab. Seien Sie sicher – wir werden etwas gegen den Kameraden finden. Kompromittierendes Material gibt es schließlich immer.«

Er verletzt die Grundprinzipien vertrauensvoller Zusammenarbeit: Wollen Geschäftspartner gleichberechtigt und dauerhaft auf Augenhöhe zusammenarbeiten – etwa in einem Topmanagementteam, das sich aus Geschäftsführern zusammensetzt –, muss Konsens herrschen über die Regeln des Umgangs miteinander. Menschenfresser können auf Vorstands- oder Geschäftsführungsebene ein Team sprengen, wenn sie ihre Mitstreiter vor den Kopf stoßen.

FALLBEISPIEL

Erhalten Sie sich das Vertrauen im Team?

Eine kleine erfolgreiche Firma im Bereich Onlinehandel, die seit dreieinhalb Jahren am Markt ist; die drei Gründer und heutigen Geschäftsführer verstehen sich gut. Daniel S., Mitte dreißig, ist ehrgeizig, ein Macher und Perfektionist. Er arbeitet seine To-do-Listen ab, komme, was wolle. Nach außen hin wirkt er rational, annähernd gefühlskalt.

Der zweite, Kai G., Mitte fünfzig, besonnen, ein Mensch, den nicht viel aus der Fassung bringen kann. Häufig wirkt er ausgleichend zwischen Daniel S. und dem dritten Geschäftspartner, Norbert L., vierzig, der sich in seiner Arbeitsweise vom jungen Kollegen grundlegend unterscheidet: Er lässt sich spontan von Ideen treiben und vernachlässigt manchmal Details, außerdem ist er ein genialer Netzwerker. Durch langjährige Berufserfahrung hat er ein gutes Händchen im Umgang mit Menschen auf Vorstandsebene, eine Eigenschaft, die den beiden anderen abgeht. In der Vergangenheit hat die Dreierkombination gerade wegen der Unterschiedlichkeit der drei Typen gut funktioniert. Das Wachstum der Firma gibt ihnen recht. Alles ist gut – bis die Belastungsprobe kommt. Ausgelöst wird sie durch eine längere Krankheit von Norbert L., weswegen er über mehrere Monate hinweg nur einen Bruchteil seiner üblichen Leistung bringt – für das gleiche Gehalt. Seine Geschäftspartner, die deutlich mehr arbeiten müssen, um die Lücke zu schließen, sind damit höchst unzufrieden. Als Norbert L. wieder gesund ist und sich bei Daniel S. zurückmeldet, überrascht ihn dessen zwei Wochen ausbleibende Reaktion. Er ist irritiert, nimmt in dieser Zeit mehrmals Kontakt zum Dritten im Bunde, zu Kai G., auf. Der versichert:»Alles gut.« Sie besprechen, was ansteht. Augenscheinlich ist während seiner Abwesenheit nichts Wesentliches passiert. Die Gespräche sind freundschaftlich, geführt in gutem Ton. Trotzdem bleibt ein ungutes Gefühl bei Norbert L. zurück, weil sich der Jüngste immer noch nicht gerührt hat. Ohne recht zu wissen, warum, nimmt er sich den Gesellschaftervertrag vor. Bauchgefühl? Intuition? Der Vertrag sieht Einstimmigkeit in wichtigen Fragen der Geschäftsführung vor. Wochen später treffen sich die drei turnusgemäß. Norbert L. übernimmt die Gesprächsführung und möchte wissen, was los ist, worauf Daniel S. explodiert:»Du machst Scheißarbeit. Kunden haben sich über dich beschwert. Ich bin total sauer auf dich. Du hast nichts auf die Reihe gebracht, alle sind unzufrieden mit dir.« Weitere pikante Details kommen zum Vorschein: Der Schreibtisch von Norbert L. ist nicht mehr da, sondern akutem Platzmangel zum Opfer gefallen. Außerdem haben seine beiden Geschäftspartner in seiner Abwesenheit einen hoch dotierten Job ausgeschrieben, sodass sich die Funktion von Norbert L. erübrigt. Der fällt aus allen Wolken, zumal er mit Kai G. immer wieder zwischendurch kommuniziert hatte. Er fühlt sich hintergangen und wird ungemütlich:»Wir haben eine Vereinbarung. Im Gesellschaftervertrag ist glasklar geregelt, dass ihr solche Entscheidungen nicht ohne mich treffen könnt. Ich lege mein Veto ein.«

Man mag annehmen, in Managementteams gehe es immer rational und einvernehmlich zu. Das Beispiel zeigt, dass es oft nicht so ist. Es handelt sich um eine klassische Pattsituation. Alle drei fühlen sich im Recht: Daniel S. und Kai G., die die Stelle ausgeschrieben haben, weil sie das Gefühl hatten, es gehe in der Firma nicht weiter, und Norbert L., der trotz der Vereinbarung im Gesellschaftervertrag nicht informiert worden war. Es stehen sich nun zwei relativ verhärtete Fronten gegenüber.

Was war das Problem? Fehlende Absprachen, die während der Krankheit von Norbert L. hätten getroffen werden müssen. Nur so können Unstimmigkeiten vermieden werden. Fredmund Malik, Chef der gleichnamigen Beratungsfirma in St. Gallen, spricht von dauerhaften und grundsätzlichen Prinzipien, die das Handeln erfolgreicher Unternehmensführer bestimmen.[21] Sie helfen, Entscheidungen zu treffen, wenn plötzlich hereinbrechende Ereignisse das Tagesgeschäft durcheinanderwirbeln. Im Fallbeispiel haben Daniel S. und Kai G. ein ebensolches Prinzip in der Zusammenarbeit mit Norbert L. verletzt. Obwohl ihre Bauchschmerzen in fachlicher Hinsicht berechtigt waren, hätten sie ihre Absicht gegenüber Norbert L. offen ansprechen müssen. So bleibt bei diesem das unangenehme Gefühl zurück, mit einem Messerstich rücklings verletzt worden zu sein.

Und der Typ Menschenfresser? Er kennt keine Grundprinzipien und handelt nach eigenem Gusto.

Er ist unberechenbar. Ein Menschenfresser zeigt sämtliche der zuvor genannten Eigenschaften im Wechsel, ohne dass seine

Mitarbeiter und Kollegen im Führungsteam je vorausahnen können, wie er sich verhält. Den Untergebenen kann ein solcher Chef das Leben allein durch diese Unkalkulierbarkeit zur Hölle machen, weshalb sich jeder von einem Vorgesetzten dieses Typs fernhalten sollte.

FALLBEISPIEL

Heute so, morgen so

Der stellvertretende Geschäftsführer eines Fertigungsbetriebs litt sehr unter seinem Chef. Ihre Büros grenzten aneinander und waren durch eine Tür miteinander verbunden. Der Chef wollte, dass sie offen stand, sodass er jeden Schritt seines Mitarbeiters im Blick hatte – Kontrolle total. Kaum dass der stellvertretende Geschäftsführer sich in eine Aufgabe vertieft hatte, ertönte auch schon der Ruf aus dem Nebenraum, gefolgt von der Erwartung, alles stehen und liegen zu lassen.

Von sich selber sprach der Geschäftsführer grundsätzlich in der dritten Person Singular: »Herr XY will das und das.« In seinem Verhalten war er unberechenbar: Manchmal kam er ein Achtzigerjahre-Lied singend herein, dann wurde es ein guter Tag. Schlich er dagegen an der Verbindungstür vorbei und bekam so eben die Zähne für eine Begrüßung auseinander, wurde es schlimm. Eine Regel gab es nicht. Die Stimmungsschwankungen dieses Chefs waren unvorhersehbar, sodass sich sein Stellvertreter irgendwann fragte, ob sein Boss Drogen nahm. Das ließ ihn zum Nervenbündel werden, und er begab sich in psychologische Behandlung. Wie sollte er sonst klarkommen?

Die spannende Frage ist, ob Menschenfresser schon immer so gewesen sind oder sich erst im Job dazu entwickelt haben. In der sogenannten Derailment-Forschung beschäftigen sich Wissenschaftler mit den Gründen, warum Führungskräfte »aus den Gleisen ihrer Karriere springen« (*derailment* ist der englische Begriff für Entgleisung).[22] Die gewonnenen Erkenntnisse sind interessant. Demnach müssen Manager neben den sechs genannten Menschenfresser-Eigenschaften zusätzlich noch Ehrgeiz, bedingungslose Härte und Durchsetzungskraft mitbringen, um es bis zur höchsten Führungsebene schaffen zu können. Gelegentlich helfen auch Größenfantasien. Rücksichtnahme auf die Belange anderer würde ihnen beim Aufstieg eher schaden. Paradox wird es, sobald sich der Manager an die Spitze eines Unternehmens durchgeboxt hat. Dann muss er genau diese Eigenschaften ablegen, die ihn dorthin gebracht haben – andernfalls wird er ganz oben nicht erfolgreich sein. Denn er vergrault sonst langgediente Mitarbeiter und leitende Angestellte. Wenn er nicht aufpasst, verkehrt sich das, was ihn erfolgreich gemacht hat, ins Gegenteil, auf den Auf- folgt unmittelbar der Abstieg: Die Eigenschaften, die hilfreich gewesen sind, schaden nur noch. Es gibt einige Manager, die diesen Wechsel nicht hinbekommen und meinen, sich weiter durchboxen zu müssen – sie werden vom »Nachwuchs-Rambo« zur »Terminator-Kampfmaschine« an der Spitze ihres Unternehmens.

Es ist wissenschaftlich belegt, dass sich dies in Krisensituationen bei einer Sanierung kurzfristig erst einmal positiv auswirken kann: »Wer einen Konzern ... sanieren soll, dem steht übertriebenes Mitgefühl eher im Weg. Wer hingegen Spaß daran hat, Mitmenschen zu schikanieren, dem bereitet es auch keine Probleme, Tausende vor die Tür zu setzen«, heißt es in einem Artikel in der ZEIT.[23] Ein Rambo in Nadelstreifen zeigt Härte, saniert mit eiserner Hand, völlig ungerührt von den Befindlichkeiten anderer, und wickelt ab. Sind Menschenfresser somit also gut geeignet für die Krisenbewältigung? Die Antwort ist ein eindeutiges Nein, und zwar aus zwei Gründen: Erstens verursachen Menschenfresser Unternehmenskrisen, zweitens verhindern sie darüber hinaus eine erfolgreiche Krisenbekämpfung.

Ihr übergroßes Ego führt zu einer unrealistischen Selbsteinschätzung, weswegen sie bei Krisen die Tragweite von Problemen falsch bewerten – insofern sie das Problem überhaupt erkennen.

Meist ignorieren sie es, weil es nicht in ihr Bild passt. Sie gehen leichtfertig Risiken ein und verletzen Regeln. Fehleinschätzungen sind bei CEOs mit solch einer Persönlichkeit an der Tagesordnung. Ihnen fehlt das Augenmaß, um Entscheidungen mit Achtsamkeit und Bedacht zu treffen. So lassen sie sich nachweislich etwa auf riskante und überteuerte Firmenübernahmen ein und ändern überdurchschnittlich häufig ihre Strategie.[24]

FALLBEISPIEL

Sind Sie etwa ein Menschenfresser?

Hauke L., Geschäftsführer der deutschen Tochtergesellschaft eines internationalen Konzerns, konnte über Jahre hinweg mit makellosen Zahlen aufwarten. Scheinbar mühelos erreichte er zum Wohlgefallen der Vorgesetzten in der Zentrale den vorgegebenen Umsatz. Ihnen gegenüber war er charmant und überzeugte sie von sich. Im internationalen Vergleich wurde er auf Gesellschafterebene mehrfach mit Preisen ausgezeichnet.

So fiel seinen Vorgesetzten lange nicht auf, dass mit Hauke L. ein Menschenfresser der schlimmsten Sorte am Werk war, letztlich ein Blender mit deutlich narzisstischen Zügen. Natürlich war es hart, die Forderungen des Konzernmanagements zu erfüllen. Dass die Zahlen am Ende eines Quartals beziehungsweise Fiskaljahrs den Erwartungen entsprachen, gelang Hauke L. nur, indem er massiven Druck auf ihm untergeordnete Führungskräfte und Mitarbeiter ausübte. Wie ein Sklavenantreiber peitschte er sie zum Äußersten. Genehmigte Urlaubstage ließ er auf das nächste Fiskaljahr verschieben. Ein Kundenauftrag stand erst im neuen Fiskaljahr an? Nicht für Hauke L., der die Vertriebler überzeugte, diesen vorzuziehen. Mehr als zehn Stunden am Tag darf eigentlich keiner arbeiten? So kurz vor Fiskaljahresende sah Hauke L. das anders und gab die neue Marschrichtung an seine Bereichsleiter aus. Auch scheute er nicht vor der Anordnung von Tricks zurück, die explizit gegen die US-amerikanische SOX-Compliance, das für an US-Börsen gelistete Unternehmen verbindliche Regelwerk der Börsenaufsicht, verstießen. Bis zur nächsten Prüfung war es ja noch lange hin. Wer wusste schon, was bis dahin passiert? Damit setzte sich Hauke L. jedoch über die Vorschriften des Konzerns hinweg. Warnungen aus der Compliance-Abteilung schlug er in den Wind. Die Mitarbeiter machten darüber offen Witze, etwa dass alle Zahlen, die Hauke L. an die Konzernzentrale lieferte, nur »Melonen« wären: außen grün, innen rot.

Die Folgen seines Verhaltens waren für das Unternehmen dramatisch. Mit Hauke L. als Geschäftsführer war die Unzufriedenheit in der Belegschaft greifbar, und ein wahrer Exodus der besten Köpfe begann. Als seinen Vorgesetzten dies klar wurde und sie ihn absetzten, stand die deutsche Tochtergesellschaft am Abgrund – sie war ein Sanierungsfall geworden.

Menschenfresser als Auslöser einer Krise – kein schönes Bild. Fatal wird es, wenn die Mitarbeiter das sinkende Schiff verlassen. Dieser »Braindrain«, wie das Ausbluten eines Unternehmens von innen heraus genannt wird, wirkt wie ein Brandbeschleuniger: Die Firma schliddert ungebremst Richtung Abgrund, und die Krise ist perfekt.[25] Es gehen immer zuerst die Besten. Wer noch ausharrt, den plagen Zukunftsängste und Sorgen um den Arbeitsplatz. Die Letzten an Bord versuchen, sich quasi unsichtbar zu machen: »Duck and Cover« heißt ihre Devise.[26] Gute Arbeit leisten sie nicht mehr, wodurch die Produktivität weiter abnimmt. Ein Firmenchef wie Hauke L. kann die Peitsche dann noch so schwingen – es bringt nichts mehr, der Drops ist gelutscht. Menschenfresser verursachen auf diese Weise Unternehmenskrisen.

Deren Bekämpfung verhindern sie allerdings auch. Eine Binsenweisheit betont den Einfluss des Chefs auf die Mitarbeiter einer Firma: »Der Fisch stinkt immer vom Kopf.« Ein Topmanager wie Hauke L., ein Menschenfresser erster Güte, kann die ihm untergeordneten Führungskräfte »anstecken« und so ein ganzes Unternehmen »verseuchen«. Es entsteht eine Misstrauenskultur:

Manager halten plötzlich Informationen zurück und tun keinen Handschlag mehr, ohne sich – oft mehrfach – schriftlich abzusichern. Nach ihrer Logik ist das sinnvoll, denn sie haben ja erfahren müssen, dass sie für Fehler »exekutiert« werden – so der zynische Wortlaut eines Vorstands, als er mit seinem Kollegen die Ablösung einer Führungskraft auf der mittleren Ebene diskutierte. Risiken gehen solche leitenden Angestellten nicht mehr ein.

Wie sind die Erfolgschancen einer Führungskraft, eine Krise vor dem Hintergrund einer gewachsenen Misstrauenskultur zu bewältigen? Sie sind denkbar gering, weil noch schlechtere Ausgangsbedingungen kaum vorstellbar sind. Mitarbeiter und Führungskräfte aller Ebenen müssen mitziehen, sie müssen Veränderungen mittragen und wenn nötig Einschnitte hinnehmen. In einer über längere Zeit herangereiften »Kultur des Distrust« ist das nicht zu erwarten und das Meistern einer Krise nahezu ein Ding der Unmöglichkeit.

AUA – eine Krise stemmen tut weh

Eine Krise in den Griff zu bekommen ist für jeden Manager hart. Er muss deutliche Einschnitte nach dem AUA–Prinzip vornehmen: Abbau, Umbau, Aufbau. Diese einfache Formel wurde von Wilfried Krüger, mittlerweile emeritierter Professor für Unternehmensführung und Organisation, geprägt.[1] Die Bezeichnung »AUA« ist Programm, es umzusetzen tut weh. Als Unternehmenschef müssen Sie die kurzfristige Sanierung leiten, Notmaßnahmen mit sofortiger Wirkung treffen und für Kostensenkungen sorgen, so viel zum AU in AUA. Währenddessen müssen Sie sich eigentlich schon um die strategische Neuausrichtung kümmern, um das zweite A in AUA.

Die meisten Manager haben hier eine klare Präferenz, was nicht weiter verwunderlich ist. Wie geht es Ihnen damit?

»Ich musste beides schon mal machen, den Abbau und anschließend habe ich das Unternehmen umstrukturiert. Wenn Sie so fragen: Klar habe ich lieber den Umbau gemacht, als abzubauen«, erklärte mir der Vorstand eines Technologieunternehmens. In menschlicher Hinsicht verständlich, aber es bleibt einem nichts anderes übrig, als in der Krise beides zu beherrschen. Als Firmenchef sind alle Augen auf Sie gerichtet. Sie stehen mit dem Rücken zur Wand und müssen in jeder einzelnen Phase überzeugend handeln, ob sie Ihnen jeweils liegt oder nicht. Das kann schnell zum Albtraum werden. Raus aus der Komfortzone – der Zeitdruck, unter dem Sie Entscheidungen treffen müssen, ist so massiv, wie Sie ihn sich wahrscheinlich nicht vorstellen können. Oft müssen Sie Ihren gewohnten Führungsstil ablegen und ein Verhalten zeigen, das Sie womöglich ablehnen.

Phase eins: »AU« – Abbau, Umbau. Diese Phase ist besser

bekannt als Sanierung oder Turnaround, gleichbedeutend mit Trendumkehr beziehungsweise Kursänderung. In der Betriebswirtschaft geben Zahlen darüber Aufschluss, ob sie erfolgreich gewesen ist. Ab 20 Prozent Return on Investment in Jahr drei und vier nach dem Turnaround gilt eine Operation als gelungen. Bis 10 Prozent heißt es: Sorry, Patient tot.[2] Betriebswirtschaftlich erforscht werden Krisen erst seit Anfang der Siebzigerjahre. Der Tenor einer groß angelegten Untersuchung über Turnarounds in US-Firmen von 1982 lautete: »The key thing to realize ... is that cash is king.«[3] Schön ausgedrückt. Wenn Sie eine Krise lösen wollen, müssen zunächst die Zahlen ins Lot gebracht werden. Rückkehr in die Gewinnzone, Wiederherstellen der Liquidität lautet das Zauberwort. Das erfordert Sofortmaßnahmen in der ersten Phase für eine Sanierung, die sich in Zahlen ausdrücken muss. Damit wird das Fundament für alle weiteren Schritte gelegt. Um das Unternehmensergebnis kurzfristig wieder aus dem Keller zu heben, müssen Sie als Firmenchef Ruhe bewahren, während sich die Ereignisse überschlagen.[4] Sie brauchen ebenfalls Nervenstärke, um dann auch noch das Sanierungskonzept zu entwickeln. Das ist das A und O für das Überleben einer Firma, der Plan, der alles zum Besseren wenden soll. Er sieht eine Analyse der Ausgangssituation vor und beantwortet die Frage, warum das Unternehmen in die Krise geraten ist. Welche Bedingungen im Umfeld haben zur Krise beigetragen? Wie steht es um Eigenkapital und Liquidität? Sie müssen einen Lösungsweg aufzeigen: Maßnahmen zur Krisenbewältigung sowie zum Leitbild des neu aufgestellten Unternehmens werden hier von Ihnen verlangt.

Ein umfangreiches Machwerk, wenn man bedenkt, dass es nicht nur Aufsichtsgremien und Betriebsrat, sondern später auch Gläubigerbanken als Entscheidungsgrundlage dienen soll. Sie als Firmenchef müssen wissen, dass sich Erfolg oder Misserfolg des Sanierungskonzepts an zwei Faktoren entscheidet. Erstens: Wie gründlich wurde die Bestandsaufnahme durchgeführt? Mit anderen Worten: Wurden die einzelnen Auslöser der Krise ehrlich untersucht? Kann es am Produktionsprozess gehapert haben? Oder hat der Betriebsrat nötige Änderungen blockiert? Wurde zum Beispiel geprüft, ob das bisherige Produktportfolio weiterhin passt? Ohne eine schonungslose Feststellung dessen, »was war«, und wie sich das Ergebnis zukünftig auswirken wird, bekommen Sie keine passende Lösung. Der Deckel, den Sie als Firmenleitung schmieden, muss zum Topf, sprich: zum Unternehmen passen. Auch wenn kein Stein mehr auf dem anderen bleibt.[5]

Zweitens: Haben Sie auch »weiche« Faktoren berücksichtigt? Ohne vorher die Unternehmenskultur, Managementprozesse sowie die Schwächen der Organisationsstruktur auf den Prüfstand zu stellen, also vor der eigenen Haustür zu kehren, sollte der Blick nicht aufs Umfeld gerichtet werden.[6] Erst wenn das geklärt ist, ist es sinnvoll, sich mit dem desaströsen Wettbewerb, der schwierigen globalen Wirtschaftslage zu beschäftigen, soll das geplante Sanierungskonzept nachhaltig greifen. Seien Sie schonungslos gegenüber eigenen Versäumnissen. Das ist nicht einfach, weil jeder einen blinden Fleck hat, Sie eingeschlossen. Deshalb ziehen viele Manager externe Berater hinzu. Übrigens: Menschenfresser scheitern regelmäßig genau an diesem Punkt, nämlich am klaren Blick auf die eigene Mitschuld.

Gerade auf diese »weichen« Faktoren kommt es an, sie sind das Zünglein an der Waage für Ihren Sanierungserfolg. Empirische Untersuchungen belegen, dass zwischen fünfzig und achtzig Prozent aller Turnarounds scheitern.[7] Woran liegt das? Die Forschung konstatiert eine zu starke »Fokussierung auf monetäre Instrumente mit nur kurzfristiger Wirkung«.[8] »Cash is king« ist also doch nicht alles? Hier heißt es, »vorhandene Dysfunktionalitäten in der Mensch-zu-Mensch-Interaktion« würden nicht ausreichend berücksichtigt.[9] Für Sie bedeutet das, dass Sie das Verhalten von Führungskräften und Mitarbeitern bei der Krisenbewältigung mit berücksichtigen müssen. Es bedarf also nicht nur einer neuen Strategie für künftiges Wachstum, Sie müssen auch Führungsprozesse und Ihren Umgang mit Mitarbeitern verändern.[10] Schon im Sanierungskonzept sollte beides angelegt sein, was Menschenfresser in der Regel abblocken und somit die Erfolgsaussichten einer Sanierung schmälern. Wenn Sie so weit sind, können Sie zu Phase zwei übergehen, dem zweiten A in AUA: dem Aufbau.

Phase zwei:»A« – Aufbau. Nehmen wir an, Ihr Sanierungskonzept steht. Sie haben es vielleicht mit einem Berater zusammen entwickelt. Sie haben die ersten Sofortmaßnahmen ergriffen und, herzlichen Glückwunsch, die drohende Pleite ist erst einmal abgewendet, auch wenn es schmerzhaft war. Sie sehen wieder Licht am Ende des Tunnels. Im Konzept ist klar beschrieben, wie Ihr Unternehmen künftig überleben kann. Wenn Sie gut gearbeitet haben, konnten Sie Ihre Belegschaft ins Boot holen und haben sie auf ein gemeinsames Ziel, die weitere Konsolidierung, eingeschworen. Das Team steht hinter Ihnen.

FALLBEISPIEL

Sitzen Sie im gleichen Boot?

Um die Belegschaft für eine erfolgreiche Sanierung zu Zugeständnissen zu bewegen, darf sich auch die Geschäftsführung eines Unternehmens davon nicht ausnehmen. Für entsprechende Schlagzeilen sorgte der Chef von Liqui Moly Ernst Prost. Der Ulmer Motorenölhersteller war 2009 tief in die roten Zahlen geraten. Man kann sagen, dass er in dieser Hinsicht alles richtig gemacht hat. Ernst Prost meinte selber im Vorfeld:»Bevor ich auch nur einen Mitarbeiter entlasse, verkaufe ich mein Schloss.« Das hatte sich erübrigt, denn die Sanierung war erfolgreich, und er wohnt immer noch in seinem Schloss. Worum es geht, ist die Geste, auf das Signal an die Mitarbeiter kommt es an. Ernst Prost war auch in der größten Bedrängnis schonungslos ehrlich gegenüber seinen Mitarbeitern. In den monatlichen Briefen an die Belegschaft während der Sanierung beschönigte er nichts, sagte klar, dass es um

nichts weniger als die Rettung der Firma und damit um ihre Arbeitsplätze gehe. Er betonte die Notwendigkeit, dass jeder Einzelne auch
weiterhin gute Leistung zeigen müsse. Außerdem bewies er Zuversicht
und versicherte, dass das Unternehmen bald wieder auf Kurs kommen
werde. Folge: Der Personalleiter von Liqui Moly lobte damals in aller
Öffentlichkeit seinen Chef: »Er ist ehrlich, offen und berechenbar. «[11]

Als Chef einen eigenen Beitrag zu leisten, ist die beste Voraussetzung, um einen Wandel in den Köpfen in Gang zu setzen –
zeitgleich zur Wiederherstellung der Liquidität. Sie müssen die
Köpfe der Mitarbeiter und Führungskräfte einmal kräftig durch-
spülen und den Reset-Knopf drücken. Neustart ist die Devise, das
»den emotionalen Turnaround schaffen«.[12] Das schließt auch
Sie als Chef ein – in monetärer Hinsicht. Doch vor allem sollten
Sie sich fragen, ob Ihre bis dahin in Gang gesetzten Prozesse zur
Unternehmensführung wirklich ausreichen. Überlegen Sie auch,
ob Mitarbeiter angemessen, das heißt nicht zu viel und nicht zu
wenig, an unternehmerischen Entscheidungsprozessen beteiligt
sind. Und ganz wichtig: Kommunizieren Sie ausreichend mit den
Beschäftigten?

Denken Sie dabei auch an das »Sandwich«, sprich: vergessen Sie nicht, auch die mittlere Führungsebene ins Boot zu
holen und für die Umsetzung der anstehenden Veränderungen
zu gewinnen. Denn in großen Unternehmen ist es der Manager
aus dem Mittelmanagement, der die Maßnahmen eines Sanierungskonzepts umsetzt. Er ist derjenige, der bei Entlassungen
Aug in Aug mit dem betroffenen Mitarbeiter sitzt – nicht Sie
selbst. Steht er nicht hinter Ihren geplanten Maßnahmen, zer-
reißt es ihn. Gewinnen Sie also sein Vertrauen und stärken Sie
ihm den Rücken.[13] Denn auch Sie brauchen Rückhalt, wenn Sie
Ihr Vorhaben umsetzen. Das schließt alle Beschäftigten des
Unternehmens ein: sowohl die nachgelagerten Führungskräfte
als auch die Mitarbeiter selbst. Seien Sie konsequent. Menschenfresser versäumen in der Regel, dieses Vertrauen aufzubauen. Es

ist auch eine Frage des Respekts, der diesem Typ Manager fehlt. Folglich werden Menschenfresser es kaum schaffen, Verbündete zu gewinnen. Sie haben insgesamt nur geringe Chancen auf Kooperation.

Wie schaffen Sie es, dass alle bis zum Schluss mitziehen? Zunächst brauchen Sie eine überzeugende Vision für den Neuanfang. Die bisherige ist entweder überholt oder war offensichtlich nicht gut oder überzeugend genug, sie hat möglicherweise mit in die Krise geführt. Ein neues Zukunftsbild muss her, eines mit Strahlkraft, für das sich Mitarbeiter und Führungskräfte begeistern und das sie mitziehen lässt. Beispielhaft dafür ist die Aussage von BASF-Chef Hambrecht: »Es geht darum, die Produkte und Arbeitsgebiete zu entwickeln, die BASF in zehn Jahren prägen werden. Damit dürfen Sie auch in der Krise nicht aufhören.«[14] Krisenforscher sprechen in dem Zusammenhang von einer neuen Corporate Identity für ein Unternehmen.[15] Sie ist quasi das Sinnbild für den Neuanfang, das auch nach innen hin signalisiert, dass sich etwas verändert. Ihre Aufgabe ist, es den Beschäftigten näherzubringen. Dann werden sie besser verstehen, warum das Weitermachen in der bis dahin praktizierten Weise nicht sinnvoll ist. Sie müssen sämtliche Anstrengungen darauf ausrichten, das neue Zukunftsbild mit konkreten Inhalten und mit Leben zu füllen. Fragen Sie sich vorher, ob Ihr Zielbild von ausreichender Strahlkraft ist. Denn die »Revolution in den Köpfen der Mitarbeiter«[16] schaffen Sie nur, wenn das Neue so überzeugend ist, dass Ihre Mitstreiter im Unternehmen dafür Härten in Kauf nehmen und verstehen, dass sie vom Althergebrachten Abschied nehmen müssen. Das ist Ihre Aufgabe, die schwierigste überhaupt für Sie als Topmanager. Die Trägheit der Masse durch frische Tatkraft zu ersetzen, verhärtete betriebliche Strukturen aufzubrechen ist alles andere als einfach. Machen Sie deutlich, dass die neue Vision die Zukunft ist, sie ist das Fundament für das mittel- und langfristige Bestehen im Wettbewerb. Es zu legen, bedeutet Schmerzen. Im Grunde haben Sie nur eine

Aufgabe: Eine Unternehmenskultur zu etablieren, die Mitarbeiter ihrer Arbeit wieder mit Hinwendung nachgehen lässt. In der es sich lohnt, Extrameilen zu gehen. Im normalen Tagesgeschäft »läuft der Laden« meist trotzdem, auch wenn viele Mitarbeiter desillusioniert sind, was ich als Beraterin oft erlebt habe:»Dass hier nicht alles zusammenbricht, liegt bestimmt nicht am Chef. Das liegt auch nicht an den Strukturen, die nicht funktionieren. Das liegt daran, dass wir den Betrieb am Laufen halten.« Dieses Zitat macht deutlich, dass viele nur aus Solidarität zu ihren Kollegen weiterarbeiten, damit diese nicht komplett allein dastehen. Es ist klar, dass in einer Krise damit nicht mehr zu rechnen ist. Echte Veränderungen sind nötig, damit ein Ruck durch die Belegschaft geht. Verstecken Sie sich also nicht hinter Feigenblättern. Sie dürfen vor allem nicht den Eindruck vermitteln, dass über die Einschnitte hinaus nichts Neues entsteht.

FALLBEISPIELE

Achten Sie auf die Unternehmenskultur?

Erstes Beispiel: Eine seit den Fünfzigerjahren bestehende, einst sehr renommierte deutsche Firma wird nach mehreren Jahren der Krise von einem osteuropäischen Konzern übernommen. Stimmen der im Unternehmen verbliebenen Mitarbeiter zum neuen Vorstandsvorsitzenden: »Er hat die alte Unternehmenskultur entsorgt, aber keine neue eingeführt.« »Der ist doch nur eine Marionette. Das Unternehmen wird jetzt von Zahlenfetischisten in der Zentrale geführt.« »Es geht ihm nur um Kürzungen. Kosteneinsparungen an jeder Ecke. Wo zeigt der denn Innovation? Was an seinem Kurs nachhaltig sein soll, ist mir schleierhaft.«

Zweites Beispiel: Der Vorstandschef eines Dienstleistungsunternehmens rief im Zuge einer humanitären Katastrophe die Mitarbeiter zu einer Spendenaktion auf – und rief damit nicht nur Empörung hervor, vielmehr verweigerten die Beschäftigten die Unterstützung. Was war geschehen? Der Vorstand war neu im Unternehmen und hatte sich intern bisher vor allem mit Sparanstrengungen und Kostensenkungen hervorgetan. Auch Gehaltskürzungen gehörten dazu. In der Folge war die Stimmung im Unternehmen rapide gesunken – die Bereitschaft, sich für irgendetwas zu engagieren, tendierte gen null. Als der Vorstand in dieser Situation seinen wenig klugen Spendenaufruf startete, war die Reaktion der Mitarbeiter eindeutig: »Der versucht doch nur, aus der Not von anderen Kapital zu schlagen.« Und: »Der will doch nur sein katastrophales Image aufbessern, darauf fallen wir nicht rein.« Mit anderen Worten: Die Mitarbeiter sahen in dem Aufruf des Chefs seinen Versuch, sich ein soziales Image zu geben, weswegen sie ihn abblitzen ließen. »Da spende ich lieber über die etablierten Kanäle, als mich für so was herzugeben.« Besagtes Unternehmen kam über mehrere Jahre hinweg wirtschaftlich nicht mehr richtig auf die Beine. Mit dazu beigetragen hat die Haltung der Mitarbeiter, die aus der Erfahrung Konsequenzen zogen und kündigten.

Was muss also Ihr Ziel sein? Ein Vorstandskollege hat einmal ziemlich drastisch auf den Punkt gebracht, wie Ihre neue Marschrichtung auszusehen hat: »Mitarbeiter müssen bereit sein, für Sie in den Krieg zu ziehen.«

Neue Besen kehren (nicht) immer gut

Eine neue Führungsriege bedeutet eine Zäsur für ein Unternehmen, denn ein neuer Vorstandsvorsitzender oder Geschäftsführer kommt in der Regel nicht allein. Meist bringt er einen ganzen Tross an Vertrauten aus seiner alten Firma mit, die wie selbstverständlich die oberen Führungspositionen besetzen. Man kann es dem neuen Kopf an der Spitze nicht verübeln. Er – oder sie – will Sicherheit in der noch unvertrauten Umgebung, in der er sich noch nicht auskennt, in der er nicht weiß, wer Freund, wer Feind ist. Seine Kollegen, die mit ihm Einzug halten, kann er dagegen einschätzen. Damit kann sich aber die Unternehmenskultur grundlegend ändern.

Was machen Sie also, wenn Sie von außen dazukommen und ein von Krisen geschütteltes Unternehmen sanieren sollen? Es wird für Sie nicht einfach sein, wenn Ihnen die Kultur des neuen Unternehmens völlig fremd ist. Sie sollten darauf achten, Ihre Änderungen in der strategischen Ausrichtung, in der Organisation des Unternehmens und personelle Veränderungen zeitnah, verständlich und nachvollziehbar mitzuteilen. Denn Sie werden als »Neuer« an der Spitze kritisch beäugt und müssen sich das Vertrauen der Mitarbeiter erst erwerben. Kommunikation ist in diesem Fall alles.

FALLBEISPIEL

Haben Sie schon mal Vertrauen verspielt?

Ein Vorstand bringt zu einem Managementtreffen einen Mitarbeiter mit, der mit ihm zusammen ins Unternehmen gewechselt ist. Er stellt ihn als den neuen stellvertretenden Abteilungsleiter vor. Alle Anwesenden sind überrascht – am meisten der Leiter der entsprechenden Abteilung. Er ist erst wenige Wochen zuvor unter der alten Führungsspitze mit großem Lob zu ihrem neuen Chef ernannt worden. Die Ankündigung des neuen Vorstands erwischt ihn kalt, denn von der geplanten Doppelspitze hat er nichts gewusst. Auch die anderen Mitarbeiter sind irritiert. Traurige Konsequenz: Der bisherige und alleinige Abteilungsleiter kündigt und nimmt neben seinen Kontakten auch Kunden mit. Auch das eine Katastrophe für das Unternehmen vor dem Hintergrund, dass der neue und mit viel Pomp und Brimborium begrüßte Vorstand doch zur Stabilisierung der Krise angetreten ist.

Entscheidend für Sie als »Neuer« an der Spitze eines Unternehmens ist, die bisherigen Mitarbeiter und Führungskräfte nicht zu verprellen. Das schaffen Sie nur durch intensives Kommunizieren und Vertrauensaufbau, was häufig schiefgeht. Ich kenne Kollegen, die zu Beginn in der internen Kommunikation großen Ehrgeiz beweisen, dann zum Papiertiger mutieren und sich immer seltener zu Wort melden. Stattdessen übernimmt der Flurfunk die Information, und die Gerüchteküche brodelt. Neuerungen erfährt die Belegschaft irgendwann vom Betriebsrat. Das bringt die in die neue Führungsriege gesetzten Hoffnungen der »alten Hasen« zum Erliegen, insbesondere wenn diese das Gefühl haben, nicht regelmäßig auf dem Laufenden gehalten zu werden. »Der Vorstand hat sich nach der Podiumsdiskussion auf der Auftaktveranstaltung der Roadshow nicht mal mehr zu den Mitarbeitern gestellt, sondern ist nach einem Glas Wein direkt gegangen. Hat er etwa Angst vor uns? Sein Verhalten ist ein No-Go! «

Machen Sie es besser, kommunizieren Sie als »der Neue an der Spitze« klar eine Strategie und halten Sie die Fragen der Mitarbeiter aus. Wie gedenken Sie, das Ruder herumzureißen? Was wollen Sie im Vergleich zu Ihren glücklosen Vorgängern ändern? Mitarbeiter wollen verstehen: »Ach so, die Führungsstrukturen sollen verschlankt werden. Es fallen Gremien weg. Klingt nicht schlecht.« Aber woher soll künftig das Wachstum kommen – während Sie zeitgleich Einsparungen vornehmen? Die Belegschaft will überzeugende Argumente, die dies rechtfertigen. Wie wollen Sie also das Unternehmen künftig erfolgreich am Markt aufstellen? Mehr als verständlich: Menschen wollen nun mal in ihre eigene Zukunft vertrauen können.

Die unkontrollierbare Kettenreaktion

Ihre Vorgehensweise als Leiter eines Unternehmens in einer existenzbedrohenden Krise muss daher ähnlich behutsam sein wie bei einem Mikado-Spiel. Im Spiel werfen Sie die Stäbchen auf den Tisch. Sie liegen da übereinander und wackeln, kaum dass man sie nur anguckt. In der Krise entspricht diese Instabilität dem verfehlten Mindestgewinn, der in den Keller gerutschten Rendite, dem gesunkenen Cashflow. Summa summarum: Ein äußerst fragiles Konstrukt. Jetzt ziehen Sie Mikado-Stäbchen Nummer eins: Die übrigen Mikados zittern wie Espenlaub, bleiben aber liegen – gerade noch. In der Krise ist das Ihre Führungsriege, die panisch reagiert und Notmaßnahmen ergreift.

Sie ziehen an Stäbchen Nummer zwei: Ein noch größeres Zittern. Die Mitarbeiter im oberen Management verlieren das Vertrauen in Ihre Fähigkeiten. Die besten kündigen. Ihr Unternehmen wird von innen ausgezehrt.

Sie werden jetzt vielleicht nervös und wagen sich aber trotzdem an Stäbchen Nummer drei. Ihre Bewegungen sind deutlich fahriger als vorher. Oje: Das Konstrukt kracht, das war's. Übertragen auf die Krise: Ihre Mitarbeiter arbeiten nicht mehr wie vorher, die Kunden merken das und ziehen wichtige Aufträge zurück. Noch mehr Liquiditätsschwierigkeiten reißen Ihr bereits vorher angeschlagenes Unternehmen in den Abgrund.

Sie merken: Jedes einzelne Stäbchen im Gesamtgefüge, an dem Sie ziehen, kann das Konstrukt zum Einsturz bringen.[17] Denn: Sie können gar nicht wirklich erkennen, wo und wie ein Eingriff wirkt. Sie sitzen auf einem Pulverfass, das beim kleinsten Funken in die Luft gehen kann. Dabei haben Sie in der Regel nicht die besten Voraussetzungen. Wenn Sie schon vor der Krise dabei waren, sollen Sie es richten – tragen aber in den Augen der anderen gleichzeitig mindestens eine Mitschuld an der Krise. Sie sind damit ein »ambivalenter Hoffnungsträger«, wie die Krisenforschung vermerkt.[18] Gerade wegen dieser Beteiligung in der Vergangenheit kann Ihnen oft genug Misstrauen oder gar offener Widerstand entgegenschlagen. Ihr Betriebsrat boykottiert medienwirksam Pläne. Mitarbeiter laufen Sturm gegen angekündigte Einschnitte. Wenn Sie jetzt noch ungeschickt kommunizieren und keine klaren Ansagen machen, explodiert das Luft-Gas-Gemisch:

Wie setzen Sie Maßnahmen durch?

Ein kriselndes Dienstleistungsunternehmen. Der Vorstand forderte die Mitarbeiter auf, freiwillig für einige Monate auf die Auszahlung ihrer Boni zu verzichten. Der Grund: Die von der Konzernzentrale vorgegebenen Umsatzziele waren mehrfach verfehlt worden, das Unternehmen war in einen Liquiditätsengpass gerutscht. Besagter Vorstand hatte aber Angst davor, diese Botschaft an die Belegschaft kundzutun, um sie nicht zu demotivieren. Die Marschrichtung, die er daher an die oberen und mittleren Manager ausgab, lautete: Stillschweigen bewahren. Also durften Letztere dann auch nicht plausibel erklären, warum diese denn nun auf ihre Boni verzichten sollten. Besorgte Rückfragen waren die Folge. Die Vorgesetzten beteuerten jetzt immer wieder nur: »Alles gut.« In Wirklichkeit war nichts gut.

Das Beispiel zeigt zweierlei. Erstens: Die Aufforderung zum Bonusverzicht wurde äußerst unsensibel kommuniziert. Der Aufruf ging nicht über die direkten Vorgesetzten, sondern über die Personalabteilung an alle Mitarbeiter. In Gruppenrunden, in denen der Vorgesetzte mit seinem Team regelmäßig tagt, wurde das Thema totgeschwiegen. Die Gerüchteküche brodelte. Zweitens: Es gab kein Signal vom Vorstand selbst, dass er ebenfalls auf seinen Bonus verzichtete beziehungsweise eine Gehaltskürzung in Kauf nahm. Ein eigener Beitrag zur Krise, wie ihn der Liqui-Moly-Chef vorbildlich kommuniziert und realisiert hatte, war also nicht in Sicht. Die Wut der Mitarbeiter machte sich daraufhin intern und sogar in den sozialen Netzwerken breit: »Wir reißen Tausende von Überstunden, und jetzt sollen wir noch auf unseren Bonus verzichten. Es geht doch nur darum, dass der Vorstand seine Cash-Ziele gegenüber der Zentrale erreicht.«

Oder:

»Und was tut der Vorstand? Der will sich selber doch nur durch unseren Bonusverzicht seine eigene goldene Nase sanieren. Warum verzichtet der denn nicht auf seinen Bonus und geht als Vorbild voran?«

Sie sehen: Die Krise, die der Vorstand in den Anfängen hatte ersticken wollen, verschärfte sich noch durch seine unsensible Kommunikation. Der Vorstand erreichte genau das Gegenteil von dem, was er angestrebt hatte. Statt die Mitarbeiter zu beruhigen, schürte er das Feuer – mit weithin sichtbarer Rauchsäule. Das muss nicht sein. Machen Sie es besser. Es gibt sehr gute Ratgeber, Fallstudien und erfahrene Berater zum Thema Krisenkommunikation. Sie helfen Ihnen, die unvermeidlichen Begleiterscheinungen von harten Maßnahmen zu mildern.

Gefahr für Leib und Leben!

AUA! In Krisen steigt der Druck in der Führungsetage manchmal bis ins Unerträgliche. Topmanager gehen sehr unterschiedlich damit um: Menschenfresser berührt es wenig. Unpopuläre Entscheidungen getroffen zu haben, halten sie gut aus, weil sie vom Naturell her zu Gefühlskälte neigen. Was ihre Entscheidungen mit anderen machen, dringt wenig bis gar nicht zu ihnen durch. Sie sind von sich überzeugt und halten stur ihren eingeschlagenen Kurs. Sie grübeln nicht lange, und Ängsten erliegen sie in der Regel nicht. Doch auf die Mehrheit der Manager an der Spitze trifft das nicht zu.»Die Krise macht was mit dir«, hat mir mal ein Vorstand gesagt. Es sind Extremsituationen, verbunden mit maximalem Stress – und das geht an den meisten nicht spurlos vorüber, auch wenn es kaum jemand zugibt. Ein Topmanager im Konzernumfeld, der Entlassungen anordnet, kann daran zerbrechen. Ebenso der Inhaber eines kleinen Unternehmens, der von Angesicht zu Angesicht betriebsbedingte Kündigungen ausspricht oder eng vertrauten Mitarbeitern nahelegt, sich im beiderseitigen Interesse zu verändern. Manchmal rütteln die ergriffenen Maßnahmen an den Grundfesten des eigenen Selbstverständnisses. Wie genau reagieren Topmanager eigentlich in diesem Zusammenhang?

Manfred Kets de Vries hat 1996 eindrucksvoll beschrieben, was Entlassungen mit Menschen machen können, die sie veranlassen. Sein Aufsatz »Die menschliche Seite des Personalabbaus« erklärt, was Manager in Unternehmenskrisen zu einem bestimmten Verhalten treibt.[1] Kets de Vries hat vier verschiedene typische Reaktionsmuster bei den »Vollstreckern« ausgemacht, die er in Gruppen unterteilt.

Die Dissoziierten versuchen, sich zu schützen, indem sie sich zum unbeteiligten Beobachter ihres Handelns machen. »Ich war gar nicht richtig da, als ich ein paar Hundert Leute entlassen musste. Gut, ich war körperlich anwesend, aber ganz bestimmt nicht mit meinen Gefühlen ... Es war, als schaute ich mir von außen zu«, zitiert Kets de Vries eine Führungskraft.[2]

Die Gefühlsarmen agieren in einem Entlassungsprozess emotionslos, weil sie wiederholt daran beteiligt und völlig abgestumpft sind. Zu ihnen zählen die erfahrenen »alten Hasen«, die sich wie Roboter verhalten, mechanisch tun, was ihnen abverlangt wird – und sich dabei innerlich wie tot fühlen.

Die Depressiven machen sich Vorwürfe, dass sie anderen so viel Leid zufügen. Ihr Verhalten empfinden sie als schurkenhaft. Die Konsequenzen können dramatisch sein: Manche entwickeln Selbstmordgedanken. In einem Beispiel erzählt Kets de Fries von einem Manager der mittleren Führungsebene, der in einer Führungskräfterunde in Tränen ausgebrochen ist. Er fühlte sich schuldig – die Maßnahmen, die er im Zuge der AU-Phase – Abbau, Umbau – durchführen sollte, gingen ihm empfindlich nahe.

Die Kompensierer fühlen sich als Versager, was sie ausgleichen, indem sie die Schuld auf die Betroffenen ihrer Bestrebungen umlenken. Sprich: Sie werden abgewertet, um die Entlassung sich selbst gegenüber zu rechtfertigen – nach dem Muster »Die anderen sind böse, die sind Faulstellen im Unternehmen, die verdienen ja, was sie bekommen«.[3]

Topmanager Wohl und Weh

Egal zu welchem Typ ein Manager zählt: Zu dem seelischen Druck einer Krise kommen oft körperliche Stresssymptome hinzu. Die folgenden Fallbeispiele beschreiben, was mit Topmanagern unter Druck passieren kann.

Was tun Sie bei akuten Beschwerden?

Karola M. ist eine befreundete Geschäftsführerin einer Modefirma und war früher Beraterin bei McKinsey. Sie hatte in der 2009er-Krise eine harte Zeit, weil sie ihr Unternehmen komplett ummodeln musste, die Restrukturierung von Auslandsfilialen inklusive. Während einer Geschäftsreise verbringen wir einen netten Abend in einer süddeutschen Großstadt. Zu fortgeschrittener Stunde beginnt sie zu erzählen: »Und in der Zeit fing mein Körper plötzlich an, all diese komischen Dinge zu tun. Nach all den Jahren. Als hätte er ein Eigenleben.« Sie berichtet von Flugangst, die nach soundso viel Hundert Reisen auf einmal auftrat. »Ich konnte von einem Tag auf den anderen nicht mehr im Flugzeug sein. Beim Start habe ich auf das Geräusch der Motoren geachtet, ich wusste ja, wie es sich anhören muss. Ich hatte kalten Schweiß auf der Stirn, habe mich am Sitz festgeklammert.«

Karola M. erzählt, wie absurd diese Erfahrung für sie war. Vorher war sie allein innerhalb Europas sechsmal in der Woche unterwegs gewesen, dazu kamen Interkontinentalflüge zu internationalen Meetings. Ob Istanbul, Aruba, Cancún, Seattle – Karola M. hatte gerade dieses mit ihrem Beruf verbundene Reisen genossen. »Ich habe mich, anders als viele Kollegen, immer ans Fenster eines Fliegers gesetzt. Ich wollte nicht am Gang sitzen, um schnell rauszukönnen. Ich konnte immer abschalten, wenn wir durch Wolkenberge geflogen sind, das war für mich fast ein ästhetisches Vergnügen.« Und jetzt das: Flugangst. Karola M. hat als Chefin des eigenen Unternehmens ungewöhnlich reagiert: Sie zog von einem Tag auf den anderen die Reißleine und ließ vorübergehend alles ruhen. »Ich weiß noch genau, wie geschockt andere Geschäftsführer waren. Ich war nämlich ehrlich und habe gesagt, dass ich nicht mehr fliegen kann. Mitten in der dicksten Wirtschaftskrise. Sie fragten perplex: ›Wie, nicht mehr fliegen? Du musst doch die Standorte im Ausland einnorden.‹«

Ein weiteres Beispiel ist Christian T., Topmanager der deutschen

Tochter eines Konzerns. Er erzählt von einem plötzlich auftretenden Tinnitus, der im Sauerstoffzelt behandelt werden muss. »Ich bin mit dem nicht klargekommen, was von mir verlangt wurde«, so seine Begründung. Er war von der Konzernleitung gezwungen worden, Entlassungen auszusprechen. Die Geschäftszahlen hatten sich schlecht entwickelt. Die Entscheidung war also gerechtfertigt und für Christian T. nachvollziehbar. Dumm war nur, dass die Entlassungen genau die Mitarbeiter trafen, mit denen er vorher Gespräche geführt und denen er gesagt hatte, dass ihre Leistung ausreichend gewesen sei, um sie weiter zu beschäftigen. Er musste sie also noch mal antreten lassen und ihnen die Hiobsbotschaft verkünden. Wochen später stellte sich urplötzlich der Tinnitus ein, den er bis heute nicht losgeworden ist.

Dann ist da noch Petra S., eine der wenigen mir bekannten Frauen in einer Spitzenposition. Als Geschäftsführerin managt sie ein deutsches Technikunternehmen. Von einem Tag auf den anderen bekam sie kahle Stellen am Kopf, laut ihrem Arzt ein klares Symptom für Stress. Zu einer Perücke hat sie sich nicht entschließen können. Auf ihrer Führungsebene wurde daraufhin offen diskutiert, ob sie dem Druck der Aufgabe überhaupt noch gewachsen war.

Druck in Krisensituationen, wie ihn Karola M., Christian T. und Petra S. erlebt haben, ist nicht untypisch. Ich habe bei meiner Arbeit in den oberen Etagen viele Manager gesehen, die an diesem Druck beinahe zerbrochen sind. Die sich in Süchte geflüchtet haben. Die mit zitterndem Unterkiefer vor mir saßen und denen die Angst ins Gesicht geschrieben stand.

Wie auf plötzlich auftretende Symptome reagieren? Aus Sicht von David G., einem erfolgreichen und auf die Arbeit mit Managern spezialisierten Besitzer mehrerer Fitnessstudios, hat Karola M. genau das Richtige getan, als sie die Reißleine zog: »Ich habe einen Manager von Mitte vierzig vor Augen, der alle Warnschüsse seines Körpers ignoriert hat. Er war mehrfach im Krankenhaus. Die Ärzte hatten ihm geraten kürzerzutreten, was er nicht gemacht hat. Er hatte schließlich einen Herzinfarkt und ist gestorben.«

Viele Manager beachten die Signale ihres Körpers nicht. Erfahrungen wie die von Karola M. und Christian T. sind angesichts der Belastung durch Krisensituationen nicht untypisch. Wenn der Körper streikt, geschieht das selten sanft, sodass der »Big Bang«, der Ausfall eines einzelnen Bereichs des Systems Körper von heute auf morgen, viel häufiger ist. Oft ist genau die Funktion gestört, die für die Jobausübung wichtig ist. So kenne ich den Chefredakteur einer großen Wochenzeitung, dessen Arme aus für ihn unerklärlichen Gründen gelähmt waren und der nicht mehr schreiben konnte.

Natürlich ist der Ausfall »von heute auf morgen« eine Mär, Anzeichen gibt es in der Regel vorher zuhauf. Der Betreffende hat sie aber üblicherweise über einen langen Zeitraum geflissentlich ignoriert. In dem Kinofilm *The Amazing Spider-Man 2: Rise of Electro* (USA 2014) kämpft der Held gegen einen »Elektroguy«, einen Mann, der unter Hochspannung steht und Funken versprüht. Ich habe viele Manager gesehen, die irgendwann gegen einen ähnlichen Gegner kämpfen müssen – nur befindet sich dieser in ihrem Körper. Unternehmen diese gefährdeten Führungskräfte nichts dagegen, können Beschwerden chronisch werden. Der Körper vergisst nichts, auch wenn sich der Betreffende zeitweise komplett all seiner belastenden Aufgaben entledigt. Die Krise des Unternehmens bringt dann das Fass zum Überlaufen. Das, was folgt, kann dauerhaft beeinträchtigen, selbst wenn die Krise selbst erfolgreich bewältigt wird.

FALLBEISPIEL

Ist Ihre Gesundheit auch schon geschädigt?

Der Exmanager Franz H. hatte mit Ende vierzig finanziell ausgesorgt und versteht es heute, das Leben zu genießen: Als Privatier lebt er mittlerweile die Hälfte des Jahres auf Teneriffa, wo er sich mit seiner Frau eine alte Finca hat herrichten lassen. Die andere Jahreshälfte ist eine geschmackvolle Penthouse-Wohnung in Flensburg sein Zuhause, mit direktem Blick auf die Ostsee. Das Haus auf Teneriffa ist ein Traum, den die erforderlichen Mittel und guter Geschmack ermöglicht haben. In einer Ausgabe eines Wohnmagazins wurde über das Anwesen berichtet. Das Paar hat zwei Kinder, die beide mittlerweile studieren.

H. stammt aus einer Unternehmerfamilie, sein Vater war Textilfabrikant. Der promovierte Humanmediziner hat in den Neunzigerjahren ein Biotech-Unternehmen hochgezogen, das sich auf die Erforschung eines Medikamentenwirkstoffs spezialisiert hat und so erfolgreich war, dass er es gewinnträchtig an einen internationalen Konzern verkaufen konnte. Doch dieser Verkauf gestaltete sich nicht einfach. »Das war wie eine Krise«, kommentierte Franz H. den Verkauf Jahre später. »Ich konnte nie sicher sein, ob es klappt. Der reinste Verhandlungspoker, über so viele Monate hinweg.«

Heute macht es ihm Freude, sein Wissen weiterzugeben, weshalb er eine Teilzeitprofessur an einer privaten Fachhochschule angenommen hat. Also alles bestens – oder? Aus dem aktiven Berufsleben ist er ja heraus und erweckt den Eindruck eines ruhigen, eher zurückgezogen lebenden Zeitgenossen, intelligent und äußerst zielstrebig in allem, was er tut. Was bei einer Begegnung mit ihm sofort auffällt, ist seine Körperhaltung: die Schultern hochgezogen, der Kopf nach vorn geneigt, der Gang gebeugt. Der Gedanke, dass H. und sein Körper nicht eins sind, drängt sich unmittelbar auf. Es ist, als trage er eine schwere Last mit sich herum. Während eines Managersymposiums in Österreich, das in einem Kloster stattfindet, öffnet sich H. zu später Stunde. Umgeben von der wohligen Wärme eines Kachelofens erzählt er bei einem Glas Wein, dass sein Körper erst nach Austritt aus dem aktiven Berufsleben reagierte. Wie sich herausstellte, waren die zunächst unerklärlichen Beschwerden psychosomatischer Natur. Nachdem der stressige Firmenverkauf endlich abgeschlossen war, konnte H. nicht mehr schlafen, am Tag plagten ihn Verspannungen im Schulterbereich. Irgendwann war das Ausmaß unerträglich, hinzu kam Herzrasen, sodass er mehrfach einen Kardiologen aufsuchte. Die Beschwerden halten bis heute an.

Frank H.s Geschichte ist ein typisches Beispiel für die Spuren, die Erlebtes im Körper hinterlässt. Ein mit hohem Druck einhergehender Job bewirkt etwas im Körpergedächtnis. Die Belastung ist in Krisen ungleich höher. Die Gefahr dabei ist, dass Manager gerade dann keine Schwäche zugeben dürfen. Körperliche Entlastungsreaktionen wie Zittern oder in sich zusammenzusinken sind verpönt. Der Manager unterdrückt sie, weil er stark wirken will. Obwohl er die Anspannung spürt, Angstwellen durch den Körper gehen, setzt er das berühmte Pokerface auf. »Jeder ein geschlossenes System. Ein fleischgewordener Chip«, kommentiert der Schriftsteller Wolf Wondratschek treffend.[4] Extreme Selbstbeherrschung ist dafür erforderlich. Manager wissen jedoch meist nicht, dass sie sich in dem Moment nichts Gutes tun, und wehren sich gegen das verräterische Zittern am ganzen Körper.

Stellen Sie sich Herrn H. vor, wie er immer noch unbewusst seinen Kopf einzieht, die Schultern nach vorn beugt: der Körper vergisst nicht. »It comes at a price«, wie die Amerikaner sagen, zu Deutsch: »Alles hat seinen Preis«, den man sein Leben lang zahlt. »Der Job macht was mit dir, aber du weißt das in dem Moment nicht«, sagt einer meiner ehemaligen Chefs, der mittlerweile ausgestiegen ist. Er, früher ein »Highflyer« im IT-Sektor, hilft heute als Heilpraktiker für Psychotherapie anderen Managern.

Irgendwann, nach Jahren, geht nichts mehr: Der Körper streikt. Tinnitus, Schlaflosigkeit, extreme Nervosität bis hin zum Herzinfarkt sind die Folge. Typische Reaktionen eines völlig überlasteten Systems, das gerne ab Mitte vierzig, fünfzig abstürzt. Die übliche Diagnose hierfür lautet Burn-out, wobei diese Klassifizierung aus meiner Sicht nicht 100-prozentig zutrifft. Es geht vielmehr um eine über die Jahre kontinuierlich gestiegene Anspannung, die sich im Körper manifestiert – die Folge: Der Manager steht immer unter Strom.

Wenn es erst einmal so weit ist, gibt es kein Abschalten mehr, weder Abreagieren durch Joggen noch Kickboxen oder die kleine Meditation in der Mittagspause helfen. Auch die überhastet eingeschobene vierzehntägige Ayurveda-Kur auf Sri Lanka verschafft nicht mehr als eine kurze Atempause. Das Problem bleibt, und damit ist der Punkt erreicht, an dem viele Manager sich in eine Sucht flüchten. Es beginnt vielleicht schleichend mit ärztlich verschriebenen Schlaftabletten, einem niedrig dosierten Neuroleptikum oder mit den über mehrere Monate hinweg genommenen Antidepressiva. Landläufig wird dazu geraten, »doch mal endlich ruhiger zu machen, dann wird das schon wieder«. Aber das stimmt nicht – nichts wird besser. Denn es geht nicht darum, die oberflächlichen Symptome zu bekämpfen, es geht um die Ursachen. Es ist ein jahrelanger Prozess, an dessen Ende schlimmstenfalls der Körper zusammenbricht. Jetzt braucht es viel Zeit: Dinge anders zu machen ist angesagt, um sich gründlich zu erholen.

FALLBEISPIEL

Denken Sie auch manchmal an den Ausstieg?

Manche Manager spüren unbewusst lange bevor es zu Symptomen kommt, dass etwas nicht stimmt. Wie der Personalvorstand Katja S., die zu mir sagte: »Wenn ich das hier nicht machen würde, wäre ich am liebsten Verkäuferin in einer Bäckerei. Das wär so schön. Endlich mal nicht mehr im Kreuzfeuer stehen. Mir reicht's.« Wir saßen in vertrauter Runde, nachdem wir Entlassungen veranlasst hatten, was mir im Nachhinein vorkam wie ein langer, kräftezehrender Hürdenlauf. Ich habe Frau S. über viele Monate im Vorfeld beraten. Oft hatten wir unter äußerstem Druck den nächsten Schritt besprochen. Dabei mussten wir über weite Strecken unter Vorbehalt planen, weil immer wieder etwas dazwischenkam und alles über den Haufen warf. Nachdem die Aktion abgeschlossen war, fiel die Spannung von uns ab, man sah es an der Körperhaltung von Frau S. Als wäre die Luft aus einem Ballon gewichen, sackte sie in sich zusammen. Wegen der langen Nachtschichten in den vergangenen Monaten hatte sie einige Kilo abgenommen, ihr Gesicht wirkte ausgezehrt und sie hatte tiefe Augenringe. In dieser

Situation rutschte ihr besagter Satz heraus. Er erschreckte sie wohl, denn sie hat ihn nicht mehr kommentiert. Und ich bin auch nie darauf zurückgekommen, obwohl mir der Satz nachhaltig in Erinnerung geblieben ist.

Noch heute, Jahre nach diesen Begegnungen, spüre ich die Verwunderung, die mich überkam und die Frage aufwarf, wie Manager es so weit kommen lassen können. Wieso haben sie nicht vorher etwas gemerkt? Eine Krise im Unternehmen verstärkt bereits latent vorhandene körperliche Beeinträchtigungen. Und der Körper streikt dann, wenn ein Manager eigentlich all seine Kräfte mobilisieren müsste. Häufig geht dann nichts mehr, auch wenn der erschöpfte Manager weitermacht. Wenn er Pech hat, landet er mit Blaulicht in der nächsten Klinik. Erst dann ist für ihn der Zeitpunkt gekommen, ans Aufhören zu denken.

Mitarbeiter Wohl und Weh

Alle Jahre wieder schafft es ein großer Sanierungsfall in die Nachrichten. Im Herbst 2014 ging es um die Kaufhauskette Karstadt. Das Unternehmen war zum wiederholten Mal in aller Munde, diesmal wegen des Wechsels an der Spitze: Nicolas Berggruen wurde vom Österreicher René Benko abgelöst. Zeitgleich wurde ein neues Sanierungskonzept in Angriff genommen, das für Spannung sorgte – in den Medien und vor allem bei den betroffenen Mitarbeitern. Welche Filialen würden wohl diesmal geschlossen? Traf es wieder die kleinen, in unattraktiven Städten gelegenen, oder die Schlachtschiffe wie das große Kaufhaus in Berlin?[5]

Fragen Sie sich auch, was in einem Unternehmen vor sich geht, wenn seine Sanierung für Schlagzeilen sorgt? Was macht das, was lapidar »Erstellung des Sanierungskonzepts« genannt wird, mit den Mitarbeitern und leitenden Angestellten? Wie gehen sie damit um? Im ersten Teil des Kapitels haben wir uns die

Auswirkungen von Krisen auf die Menschen an der Firmenspitze angesehen. Nun ist es an der Zeit, sich der Bedeutung einer Krise für die Mitarbeiter sowie die mittleren beziehungsweise unteren Führungskräfte zuzuwenden. Wie erleben sie die Erstellung eines Sanierungskonzepts und wie verhalten sie sich angesichts von »angekündigten Personalmaßnahmen«?

Wenn eine Krise Einzug in ein Unternehmen hält, bekommen das die Beschäftigten in der Regel sehr genau mit. Dass sie den Ernst der Lage erkennen, zeigen folgende Kommentare: »Wenn das Controlling die Unternehmensführung übernimmt, weiß ich, dass es Zeit ist zu gehen.« – »Wenn es bei Besprechungen keine Kekse mehr gibt oder andere ähnlich großartige Einsparpotenziale genutzt werden, sollte man seinen Hut nehmen.«

Gerade solche Anzeichen sind relativ weitverbreitet. Ich erinnere mich, dass in der Geschäftsstelle eines Kunden das heiße Wasser abgestellt wurde, als es kriselte. In einem deutschen Unternehmen im Energiesektor durfte trotz Rekordergebnis nur noch von Mobiltelefon zu Mobiltelefon kommuniziert werden. Dort war es in den vergangenen Jahren noch üblich gewesen, dass jeder Mitarbeiter eine eigene Zeitung bezog. In einem Dienstleistungsunternehmen durfte temporär nicht mehr gereist werden. O-Ton eines konsternierten Mitarbeiters: »Soll ich mit den Kunden künftig wie bei einer Auktion am Telefon verhandeln, nach dem Motto ›Wie viel Prozent darf's denn sein?‹.«

INTERVIEW

Interview mit einem leitenden Angestellten, der die Krise 2009 in der Zentrale eines Konzerns miterlebt hat

Wie haben Sie die Krise erlebt?
»Na ja, ich wusste schon Anfang 2008, dass ich in die Konzernzentrale wechseln würde. Ich dachte schon damals, dass

die Zeit nicht die beste ist. Es war aber eine Chance, die ich mir nicht entgehen lassen wollte. Was ich dann mitgekriegt habe, war krass. Sie müssen sich vorstellen: Unserem Unternehmen ist es früher immer gut gegangen, Exzesse eingeschlossen. Es wurden manchmal mehrere Hundert Leute pro Woche eingestellt. [...] Auf Reise- und Hotelkosten kam es nicht an. Ein Flug für 6000 bis 7000 Dollar: kein Problem. Wir waren immer in Tophotels einquartiert, ob Arabella Sheraton, Hilton, Marriott. Abends zusammensitzen und Superweine auf Firmenkosten? Klar. Und dann kam die Krise. Das war ein Schock. Erst mal wurden sechstausend Stellen auf einmal gestrichen. In einem Monat folgten dann tausend Entlassungen auf einmal. Das ging Schlag auf Schlag. Auf meinem Flur haben drei an einem Tag die Kündigung bekommen. Einer gab gleich am nächsten Tag seinen Ausstand und war weg, komplett raus aus dem Unternehmen. Früher war eine dreimonatige Kündigungsfrist üblich, und in der Regel hat man versucht, jemanden intern unterzubringen. Darauf war das Unternehmen immer stolz gewesen. Verrückt: Die alte Firmenkultur galt plötzlich nichts mehr.«

Wie hat sich das auf die Unternehmenskultur konkret ausgewirkt?
»Na ja, trotz der Kündigungen haben alle normal weitergearbeitet. Das war die allgemeine Haltung, man weiß ja nicht, was kommt. Das muss man einfach aussitzen. [...] Spannend war aber, wie sich das Management verhalten hat: Es hat nur noch kurzfristig geplant und schnell agiert. Denen ging es nicht mehr darum, dass die Ziele am Ende des Fiskaljahrs erreicht waren, der Zeithorizont reichte nicht übers Quartal hinaus. Es ging nur noch um die Zahlen, die als Nächstes relevant waren. Sie mussten stimmen, damit das Management gut aussah. Für mich persönlich haben sich die Arbeitsbedingungen im direkten Umfeld von heute auf morgen total

verschlechtert. Egal, wo ich hinmusste, ob Paris, USA, Dubai, Türkei, ich musste plötzlich immer ›monkey class‹ fliegen, nix mehr Businessclass. Abgestiegen bin ich in Pensionen, 40 Euro die Nacht. Arabella Sheraton war nicht mehr angesagt. Keiner durfte mehr als die vorher festgelegten Reisekosten abrechnen, egal, welche Aktivitäten er auf dem Zettel hatte. Mit dem Budget musstest du hinkommen. Waren deine Reisekosten höher, wurde eben anderswo gestrichen. Alle haben sich in Acht genommen und massiv aufgepasst. Keiner wollte negativ auffallen.«

Welche Veränderungen sind Ihnen beim Topmanagement aufgefallen?
»Na ja, es kam auf der Ebene immer noch zu Exzessen wie vor der Krise. Es ging immer noch was, wenn du den Vice President oder den Direktor oder sonst wen Höheres kanntest. Es war wie im Roman *Farm der Tiere* von George Orwell, wo die Schweine die Herrschaft über die anderen Tiere übernehmen. Jeder wusste das. Die Konzernleitung hat dann jemanden aus einer ganz anderen Branche geholt, der aufräumen und die Kosten senken sollte. Seine Maßnahmen gingen aus meiner Sicht vor allem zulasten der Mitarbeiter, bei ihnen wurde gespart. Sie traf es, nicht die oberen Herren. Sämtliche Hierarchieebenen blieben bestehen, obwohl immer weniger Leute im Unternehmen beschäftigt waren. Die Berichtswege wurden auch nicht angepasst, die blieben total schwerfällig. Die da oben hatten einfach nicht kapiert, dass die Industrie eine andere geworden war. Die Führungsstruktur ging zurück auf eine Zeit, in der Goldgräberstimmung geherrscht hatte.«

Kein Wunder, dass viele Mitarbeiter wie dieser gerade in großen Unternehmen den Eindruck bekommen, dass die Bedingungen immer schlechter werden. Das gilt insbesondere für Beschäftigte in »Brick and Mortar«-Unternehmen, wie in traditionellen

Industriezweigen angesiedelte Konzerne auch genannt werden. Sie nehmen meist eine größere Kälte im Unternehmen wahr. Kommentar eines Mitarbeiters eines Großkonzerns: »Damals hat ein Bereich einen anderen, der schlecht lief, mitgezogen. Es musste nicht jede Sparte profitabel sein. Eine schwarze Null im Gesamtergebnis am Jahresende reichte völlig aus.« Er empfindet das Klima als deutlich unangenehmer als damals, denn die unterschiedlichen Bereiche treten heute in Konkurrenz zueinander. Noch weniger versteht er die Sparmaßnahmen, die sein Konzern trotz guter Gewinne durchführt.

FALLBEISPIEL

Sie finden alles zum Kotzen?

Ein an der Börse gelisteter Weltkonzern, dessen deutsche Sparten noch vor knapp zwei Jahren ihr bestes Firmenergebnis eingefahren haben. Der neue Vorstand will das Ergebnis weiter verbessern, um die Ansprüche der Shareholder zu befriedigen. Das geht aber nur in einem bestimmten Rahmen, da die Nachfrage von der Weltkonjunktur abhängt. Zudem sind Märkte begrenzt.

Deshalb bleibt dem Vorstand nur die Kostensenkung, um den Gewinn zu erhöhen. Erreicht werden sollen Einsparungen im dreistelligen Millionenbereich. Daraufhin ruckelt es im Konzern – und wie. Flugs wird ein neues »Corporate-Excellence-Programm« aufgelegt, wodurch alle Sekundärprozesse auf den Prüfstand kommen. Das bedeutet für Controller mehr Arbeit, sprich mehr Kennzahlen, die sie im Blick haben müssen. Ein neues IT-Programm zur Überwachung wird eingeführt, das ebenfalls erhöhte Anforderungen bedeutet. Umfangreiche Einsparungen gibt es auch beim Personal, wobei das Unternehmen nicht betriebsbedingt kündigen kann. Dazu ist der Gewinn viel zu hoch. Man baut stattdessen auf die »natürliche Fluktuation«. Sämtliche Projekte, die so gut wie abgeschlossen sind, werden erst mal gestoppt. Zum Beispiel ein Großprojekt im IT-Bereich: Es sollte unzählige weitverstreute Einzelanwendungen zentralisieren und so den Administrationsaufwand verringern. Ende Oktober sah alles noch »grün« aus, das Projekt war im Zeit- und Budgetplan. Ungewöhnlich für ein IT-Großprojekt. Also ein Grund zum Jubeln für den neuen Vorstand? Von wegen. Einen Monat später wurde das Projekt angehalten und erst einmal bis Ende Januar des darauffolgenden Jahres auf die Agenda der internen Revision gesetzt. Zum Jahresbeginn hätte es starten sollen. Fraglich ist heute, ob es jemals kommen wird – wohlgemerkt, alles war fast fertig. Einige Millionen Euro waren bis dahin in das Projekt geflossen. Jetzt wird geprüft, ob nicht ein ganz neuer, schlanker Ansatz versucht werden soll. O-Ton der Projektleiterin: »Ich könnte kotzen.«

Was macht es mit den Karriereplänen von Führungskräften, wenn um sie herum Sparen plötzlich Trumpf ist? Der Leiter des Controllings ist das, was man einen »alten Hasen« nennt. In den zwanzig Jahren seiner Konzernzugehörigkeit hat er unterschiedliche Zeiten erlebt, und sein Verantwortungsbereich wurde immer wieder umstrukturiert. Einst hatte er zwanzig Mitarbeiter, jetzt sind es nur noch sechs. Wie nimmt er das auf? Ist er frustriert? Im Gegenteil, er sagt klar, dass er gar nicht mehr Verantwortung möchte, die Beförderung auf die nächsthöhere Position eingeschlossen. »Beim Hauen und Stechen mitmachen? Ich bin doch nicht verrückt. Ich will arbeiten und keine Politik machen. Außerdem hätte ich dann privat keine Zeit mehr.«

Diese Haltung ist für Angehörige der mittleren Managementebene nicht untypisch. Der Projektmanager einer Bank in Süddeutschland ist Mitte vierzig und hat zwei Kinder im Alter von sechs und zehn Jahren. »Ich stelle mir ganz andere Fragen als früher, etwa wo ich selber bleibe. Nein, zufrieden mit dem Job bin ich nicht. Ich bin seit sieben Jahren dort, alles hat sich gewandelt – von Aufbruchsstimmung und international zu regional und Strukturen aufräumen. Heute gibt es kein Geld mehr, stattdessen Kürzungen auf Organisationsebene. Die Arbeit muss ich trotzdem schaffen. Heute sehe ich das anders. Ich schätze es, vor Ort zu sein, Kollegen zu haben, die ich mag, Zeit für die Familie zu haben. Ich gehe Dinge heute anders an als früher. Ich bin nicht mehr so von außen getrieben, der Blick ist nach innen gerichtet, mein eigener Maßstab zählt jetzt.« Auch wenn er sich abgefunden haben mag – innerlich hat er gekündigt, obwohl er jemand ist, der vom Alter und seiner Erfahrung her am leistungsfähigsten ist und zu den besten Männern im Unternehmen zählen müsste.

Durch die Bank hinweg beäugen alle Mitarbeiter in Unternehmen, in denen entlassen, umstrukturiert und neu organisiert wird, wo sie selbst bleiben. Fatalismus macht sich breit, wie bei diesem Angestellten: »Im Moment ist mein Job nicht gut. Aber das ändert sich auch ganz schnell wieder, wenn in sechs Monaten die nächste Restrukturierung kommt.« Bereiche, die rote Zahlen schreiben, werden ausgelagert. Mitarbeiter hoffen lange vor der Pensionierung auf kulante Vorruhestandsregelungen, andere fürchten, degradiert zu werden.

Alles Einzelfälle? Nicht wirklich, die Frustration ist in vielen großen Unternehmen greifbar. Ich habe mehr als zehn Jahre Seminare mit Mitarbeitern eines mittelständischen Unternehmens durchgeführt. Anfangs waren die Teilnehmer motiviert. Bei vielen war bereits der Vater oder ein anderes Familienmitglied im Unternehmen tätig gewesen, weswegen sie sich ihrem Arbeitgeber verbunden fühlten. Gegen Ende meiner Zeit dort erschrak ich: Viele hatten innerlich gekündigt und versahen nur noch Dienst nach Vorschrift, wobei sie früher noch die Extrameile gegangen waren. Wie konnte es so weit kommen? Die vielen Veränderungen innerhalb des Unternehmens hatten zu dieser neuen Arbeitshaltung geführt. Der Firmenchef hatte externe Berater hinzugezogen und das Unternehmen auf Effizienz getrimmt – und dabei die Menschen auf der Strecke gelassen.

Wie läuft eine Sanierung wie im Fall von Karstadt ab? Sechs Filialen wurden letztlich im Herbst 2014 geschlossen, wobei die Details im Vorfeld nicht an die Öffentlichkeit drangen. In den Medien hieß es nur, der Aufsichtsrat arbeite an einem neuen Sanierungskonzept. Werfen wir einen Blick hinter die Kulissen einer typischen Sanierung, wie ich sie dutzendfach erlebt habe:

1. Akt: Ein Kreis von Verantwortlichen wird benannt, bestehend aus Geschäftsführung, einem externen Beratungsunternehmen sowie einer handverlesen besetzten internen Projektgruppe. Innerhalb von fünf bis sechs Wochen erstellt das Team hinter verschlossener Tür ein Sanierungskonzept. Mitarbeiter werden weder einbezogen noch auf dem Laufenden gehalten. Es dringen keine Informationen nach außen.

2. Akt: Nachdem das Konzept steht, wird entschieden, was mit den unterschiedlichen Abteilungen und Positionen auf den einzelnen Ebenen passieren soll. Diese Phase nimmt weitere sechs Wochen in Anspruch und erfolgt ebenfalls hinter verschlossener Tür.

3. Akt: Es vergehen erneut sechs Wochen, in denen »die da drinnen« sich über einzelne Stellen verständigen und über den Verbleib von betroffenen Mitarbeitern im Unternehmen entscheiden. Die eigentliche Umsetzung von Maßnahmen nach der Erarbeitung des Sanierungskonzepts dauert oft noch einmal zwölf bis vierzehn Wochen, bevor die Unternehmensleitung die Mitarbeiter informiert. Eine Zeitspanne, in der Berater mit ihren typischen Rollkoffern Woche für Woche über die Flure der Firma ziehen. In dieser langen Zeit der Ungewissheit hat die Gerüchteküche längst zu brodeln begonnen.

4. Akt: Am Ende dieses Prozesses ist es so weit: Die Kantine wird umfunktioniert, Stuhlreihen werden gebildet. Die, die wochenlang

über die Zukunft des Unternehmens beraten haben, treten vor die Belegschaft. Mit welchen Reaktionen der Belegschaft dürfen diese Manager und Berater rechnen? Freudige Akzeptanz? Zustimmung? In der Regel gibt es zwei Reaktionen: eisiges Schweigen oder offenen Widerspruch. Aufbruchsstimmung? Fehlanzeige. Eher das Gegenteil tritt ein, jede Maßnahme aus dem Sanierungskonzept zur Neuaufstellung der Firma wird misstrauisch zur Kenntnis genommen. Die Mitarbeiter sind offensichtlich verunsichert und wissen nicht, wie sie sich verhalten sollen. Kein Wunder. Dadurch, dass das Sanierungskonzept so lange hinter verschlossenen Türen entwickelt wurde, konnten ihre Ängste um die eigene Zukunft unkontrolliert anwachsen. Meistens hat das auch noch dazu geführt, dass ihre Produktivität in der Zwischenzeit eingebrochen ist: Wer sich Sorgen macht, arbeitet eben nicht mehr gut. Ein Teufelskreis. Denn wie sollen die erarbeiteten Sanierungsziele unter diesen Voraussetzungen erreicht werden? Die verfehlte Informationspolitik der Firmenoberen stellt den Erfolg des Sanierungskonzepts infrage, noch bevor es umgesetzt wird.

Teil II
Besser machen!

Die KrisenBalance©-Methode:
Kill the Crisis Before it Kills You!

Können Sie »Krise können« lernen? Schließlich geht es hier um nichts weniger als darum, das eigene Verhalten zu ändern.

Nach dem Lehman-Debakel 2009 haben sich nicht nur Manager diese Fähigkeit herbeigewünscht, sondern auch Studenten. Ihre Frage lautete: »Warum bringt uns keiner Krise bei?«, so damals der Titel eines Artikels aus *Der Spiegel* (28.12.2011). Eine gute Frage.

Schon 1968 beschrieb Walter Mischel Krisensituationen als von Unsicherheit, Ambivalenzen und Paradoxien geprägt. Menschen reagieren äußerst unterschiedlich darauf, was daran liegt, dass sie die Krise auf der Grundlage ihrer bis dahin gemachten Erfahrungen interpretieren.[1] Übertragen auf Manager hängt genau von dieser Vorerfahrung ab, wie erfolgreich sie handeln.

Für Sie heißt das also, dass »da noch was geht«, denn der individuelle Handlungsspielraum lässt sich erweitern – über Ihre bis dato gesammelten Erfahrungen hinaus.

Eine gute Vorbereitung ist dazu der Schlüssel, wie Wulf Bernotat, Exvorstandschef von E.ON und Mentor anderer Manager, auf deren Ausbildung bezogen konstatiert: »Problematisch ist, dass nur die wenigsten Spitzenmanager auf ihre Aufgaben vorbereitet werden ... Die meisten werden ins kalte Wasser geworfen.«[2] »Krise zu können« schließt also alle ein – ob Führungsnachwuchs oder Manager, die bereits die höchste Managementebene erreicht haben.

Sie können es erlernen, wobei die meisten Manager ihre Erwartungshaltung korrigieren müssen. Es gibt keine Anleitung für das optimale Verhalten im Krisenfall. Es werden zwar viele Bücher und Seminare angeboten mit Versprechungen wie »In zehn Schritten zum charismatischen Unternehmensleiter« oder »Das ganze Unternehmen erfolgreich umkrempeln in hundert Tagen«. Aber: In Krisen funktioniert das nicht. Wir sind alle verschieden, jeder bringt andere Voraussetzungen mit und hat demnach möglicherweise seine eigenen »Fehler« gemacht, die es zu korrigieren gilt, weil die Zahl der Krisen eher zu- als abnehmen wird.

Wenn wir uns einer Krise ausgesetzt sehen, reagieren wir oft so, wie wir es in der Vergangenheit gelernt haben. Das kann uns manchmal sogar an einer erfolgreichen Krisenbekämpfung hindern. Viele von uns müssen erlernte Muster vergessen. Es handelt sich um Verhaltensweisen, die Informationsflut in Krisen zu beherrschen und mit unseren Ängsten umzugehen.

Um Krisen wirksam zu bekämpfen, habe ich die KrisenBalance©-Methode entwickelt. Mit ihr können Sie lernen, Komplexität in der Krise zu beherrschen und Ängste zu reduzieren. Dafür müssen Sie in zwei Bereichen arbeiten: Den ersten nenne ich »Ratio« (Den Verstand gebrauchen – Komplexität reduzieren), den zweiten »Körper« (Den Körper achten – Angst in den Griff bekommen). Ratio und Körper müssen in einer Balance sein, sonst meistern Sie existenzbedrohende Krisen nicht. Ich nutze gerne das Bild einer Waage, um diesen Zusammenhang zu verdeutlichen: Die »Ratio« ist das eine Schwergewicht, der »Körper« das andere. Beide wiegen gleich schwer, sprich: Sie dürfen keinen dieser Bereiche vernachlässigen, weil die Waage sonst aus dem Gleichgewicht gerät.

Das Bild der Waage zeigt aber auch: Beide Gewichte stehen auf einem soliden Fundament. Ich nenne es Authentizität. Das ist der dritte Bereich in der KrisenBalance©-Methode: Der Fuß der Waage, die Basis, die Ihnen Vertrauen in der Krise bei Ihrer Belegschaft, aber auch bei Banken, Kunden und Aufsichtsräten gibt. Sie brauchen verschiedene Eigenschaften aus allen drei Bereichen, ohne die Sie in der Krise nicht bestehen können.

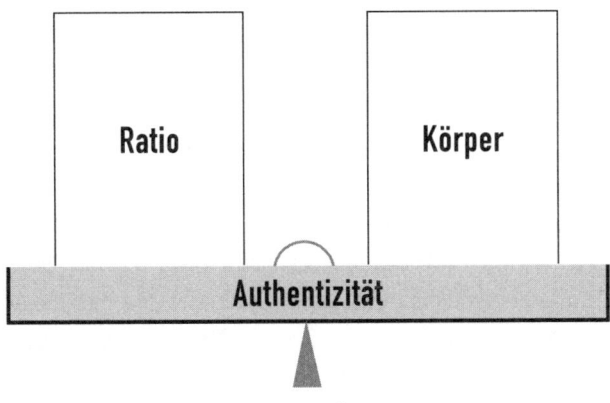

Die KrisenBalance©-Methode

Als Manager sollten Sie Ratio, Körper und Ihre Authentizität gleichermaßen im Blick haben. Vernachlässigen Sie einen Teil der Waage, sind Sie nicht mehr krisenfest. Es gibt allerdings Menschen, die von Natur aus krisensicher sind, wie das folgende Beispiel zeigt:

FALLBEISPIEL

Sind Sie sturmerprobt?

Tanja P. ist Marketingmanagerin in einem großen Maschinenbau-Unternehmen. Sie ist von zierlicher Statur, spricht mit ruhiger, leiser Stimme, wirkt zurückhaltend und gewissenhaft. Sie erweckt nicht den Eindruck, eine plötzlich auftretende lebensbedrohliche Krise aus dem Stegreif abwenden zu können. Doch das täuscht.

Ein privater Segeltörn auf dem Atlantik: Zwei Tage vor dem Ende der Reise wollte der Skipper die Jacht nachts von Teneriffa in den Heimathaften in Gran Canaria zurückbringen. Tanja P., selbst eine gute Freizeitseglerin, war bis dahin nicht groß aufgefallen. Es war bereits dunkel, als die Crew ablegte, und die ersten zwei Stunden waren reines Genuss-Segeln. Nachdem das Boot die Landabdeckung von Teneriffa verlassen hatte, brach die Hölle los – der für die kanarischen Gewässer typische »Düseneffekt« war hier wirksam: Starkwind von acht bis neun zwischen den Inseln, sehr hohe Wellen, die sich nach tagelangem Wind aufgebaut hatten. Der Skipper war überfordert, vor allem als sich das Vorsegel, die Rollfock, nicht einholen ließ, da sich etwas verklemmt hatte. Eine gefährliche Situation. In dem Moment schlug die Stunde von Tanja P.: Wie auf dem Standbild eines Schwarz-Weiß-Films stand sie anscheinend ganz entspannt am Steuer und wies die anderen in aller Ruhe an. Alle gehorchten. Diese kleine Person behielt in dieser extrem kritischen Situation den Überblick und hatte alles im Griff. Tanja P. strahlte Autorität und Zuversicht aus – und blieb die ganze Zeit ruhig. Hatte sie Angst? Wir werden es nicht erfahren. Wichtig war, dass sie handelte und sich über die Hierarchie an Bord hinweggesetzt und die Führung übernommen hatte. Tanja P. gelang es, einen kühlen Kopf zu bewahren, und sie ließ sich das Ruder buchstäblich nicht mehr aus der Hand nehmen. So lange, bis die Crew ihren Zielhafen sicher erreichte.

Wenn wir uns anschauen, wie Tanja P. sich verhalten hat, kamen die drei Bereiche der KrisenBalance©-Methode gleichermaßen zum Zug.

Authentizität: Sie hat nicht gezögert, in einer absolut kritischen Situation die Führung zu übernehmen. Sie hat Verantwortung übernommen und Mut bewiesen.

Ratio: Tanja P. behielt einen kühlen Kopf und leitete ruhig und sachlich die richtigen Schritte ein, weil sie die Lage angemessen eingeschätzt hatte.

Körper: Sollte Tanja P. Angst gehabt haben, so hat sie sich diese in der lebensbedrohlichen Situation nicht anmerken lassen. Sie hatte sowohl ihre Ängste als auch sich selbst im Griff.

Meiner Erfahrung nach sind es nur wenige, die von sich aus in einer Krise wie Tanja P. die Führung übernehmen – ich persönlich gehöre nicht dazu. Das heißt, wir müssen an den drei Bereichen arbeiten, bevor es zum Äußersten kommt. Was genau hat dazu geführt, dass die Crew in dieser Situation Tanja P.s Anweisungen gefolgt ist? Antworten darauf gibt die Forschung: Erstens handelte es sich um eine Notsituation. Zweitens konnte die Crew – die Wissenschaft spricht in dem Fall von den »Geführten«, ein etwas gewöhnungsbedürftiger Begriff – ihr Problem (ein überforderter Skipper) nicht eigenständig lösen. Sie hatten einen echten Bedarf an Führung. Es gab also eine Lücke, in die Tanja P. vorstoßen konnte. Es kommt häufig vor, dass in Notsituationen wie dieser eine starke Führungspersönlichkeit auf der Bildfläche erscheint. Die verunsicherten »Geführten« folgen ihr gern.

Ahnen Sie, wie diese Art zu führen genannt wird? Es ist die Charismatische Leadership, mit der sich die Forschung seit den Siebzigerjahren beschäftigt. Jemand, der wie Tanja P. die Führung übernimmt, erzielt Wirkungen, an die keine andere Form der Führung heranreicht. Durch ein Unternehmen kann so der viel beschworene Ruck gehen, der die ganze Belegschaft ergreift. Es liegt daran, dass die Mitarbeiter an die neue Person an der Spitze glauben (und glauben wollen). So ist es möglich, dass sie plötzlich Leistungen weit über dem Durchschnitt erbringen, also zum Beispiel aus eigenen Stücken länger arbeiten, auch unangenehme Aufgaben freiwillig übernehmen und eigene Interessen zurückstecken. Kurzum: Sie mobilisieren Reserven.

Eine Krise ist also prädestiniert dafür, dass eine charismatische Führungspersönlichkeit in Erscheinung tritt. Die Chancen auf eine erfolgreiche Krisenbekämpfung steigen immens, weil Menschen wie Tanja P. bei anderen zusätzliche Kräfte freisetzen können. Auch Ihnen steht das offen, denn an den unter den drei Bereichen zusammengefassten Fähigkeiten kann jeder arbeiten.

Authentisch sein – Vertrauen schaffen, Verbündete gewinnen

Haben Sie auch noch nie die fein säuberlich gerahmten Unternehmensleitsätze in Ruhe gelesen, die im Flur Ihrer Firma hängen?

Es geht allen so, jeder hastet daran vorbei, ohne sie bewusst wahrzunehmen. Kein Wunder, denn Unternehmenswerte haben für Mitarbeiter oft genug wenig bis gar keine Bedeutung, sie hängen halt irgendwo an der Wand. Studien sprechen eine deutliche Sprache: 50 Prozent aller Mitarbeiter und leitenden Angestellten wissen nicht, welche Werte ihr Arbeitgeber vertritt. Umgekehrt glauben Topmanager, sie seien den Mitarbeitern ausnahmslos bekannt.[1]

Dazu beigetragen haben oftmals die Firmenoberen selbst. In vielen Unternehmen werden Werte wie »Unsere Mitarbeiter sind unser höchstes Gut«, »Wir gehen respektvoll mit Mitarbeitern um« und »Wir handeln stets nach ethischen Grundsätzen« propagiert – dabei sind Menschenfresser in ihrer schlimmsten Ausprägung am Werk. Manager dieses Typs leben etwas ganz anderes vor und hebeln damit die so eindringlich beschworenen Werte aus.

Eine Studie der Unternehmensberatung Rochus Mummert mit zweihundertzwanzig Mitarbeitern größerer und mittelständischer Firmen ergab, dass nur etwa 17 Prozent aller Angestellten und Führungskräfte annehmen, dass ihre Vorgesetzten sich an die von ihnen definierten Firmengrundsätze halten. »Deutschlands Manager haben offenbar nicht verstanden, dass Werte nicht nur hübsche Floskeln sein sollten, die irgendwo auf der Homepage nachzulesen sind«, so der Kommentar. Demnach weicht das Verhalten von Managern für die Belegschaft deutlich sichtbar von den Werten eines Unternehmens ab.[2]

Handeln nach Wertmaßstäben ist nichts anderes, als authentisch zu handeln – das Fundament der KrisenBalance©-Methode. Es ist entscheidend, um als Manager in der Krise zu bestehen. Werte sind für Sie als Manager wie ein innerer Kompass, dem Sie folgen, um so glaubwürdig zu bleiben. Auch wenn Sie selbst angesichts harter Einschnitte nicht geliebt werden, so werden Sie doch weiterhin respektiert. Anders als der Firmenchef im Beispiel der Produkterpressung verschießen Sie Ihr Pulver nicht schon im Vorfeld der Krise, sondern erwerben das Vertrauen der Belegschaft für Zeiten, in denen Sie es wirklich brauchen. Albert Einstein sagte: »Man muss die Welt nicht verstehen, man muss sich nur darin zurechtfinden.«[3] Werte können dabei helfen. Sie sind Wegweiser und Orientierungshilfe für unser Handeln, vor allem wenn wir im oft turbulenten Tagesgeschäft Entscheidungen treffen müssen.

Das Gros der Manager an der Spitze von Unternehmen ist sich bewusst, dass es sein Handeln an dauerhaften und unumstößlichen Grundsätzen ausrichten sollte. Für Manager selbst bedeutet es, Konsequenzen zu ziehen, wenn diese verletzt werden, auch wenn es negative Folgen für sie persönlich hat. Sie müssen Nein sagen können, ganz gleich ob gegenüber einem Aufsichtsrat, der Öffentlichkeit oder dem eigenen Führungsteam. Ahnen Sie, wer sich nicht an vereinbarte Prinzipien hält? Es sind die Menschenfresser in Toppositionen. Sie werden deshalb entweder gehasst oder gefürchtet.

An Werten orientiertes Handeln geht einher mit Aufrichtigkeit. Menschenfresser lassen sie vermissen. Indem Menschen aus der Deckung kommen, Rückgrat beweisen, zu sich stehen, geben sie etwas von sich preis, sie machen sich angreifbar, weil sie »echt« sind.

1969 wurde in Las Vegas ein Elvis-Contest veranstaltet. Elvis, ein wie Marilyn Monroe, John F. Kennedy oder James Dean verehrter Schauspieler und Sänger, war schon zu Lebzeiten unsterblich. Bei dem Wettbewerb ging es darum, dem Idol möglichst nahezukommen. Das heißt, Männer mit zurückgegeltem Haar, in weißen Hosen und mit Pailletten verzierten, glitzernden Hemden traten auf der Bühne gegeneinander an und vollführten den für Elvis typischen Hüftschwung und gaben seine Songs zum Besten. Die Konkurrenz war groß, denn einer der Teilnehmer war Elvis selbst, der jedoch nur den vierten Platz erreichte. Sprich: Drei andere waren offensichtlich »überzeugender« als der Sänger mit der samtenen Stimme.[4] Ist es nicht verblüffend, dass die

»unechten Elvisse« dem Original so nahkamen? Ein Synonym für »echt« ist übrigens das griechische Wort »authentisch«.

Was hat das mit Krisenbewältigung zu tun? Im Beispiel mit Tanja P. ging es bereits um Charismatische Leadership. Die bringt man mit oder nicht. »Lernen« kann man jedoch eine andere wichtige Führungsqualität. So ergab eine von der Akademie für Führungskräfte der Wirtschaft in Überlingen und Bad Harzburg 2003 durchgeführte Studie, dass mehr als 60 Prozent der Befragten Authentizität für die wichtigste Führungseigenschaft eines Managers in Krisenzeiten halten.[5] Das klingt erst einmal überraschend. In den vergangenen Jahren wurde in der Managementliteratur heiß diskutiert, ob Führungskräfte authentisch sein oder sich egoistisch verhalten sollen, wobei viele Letzteres für sinnvoller hielten. »Echtes Verhalten kommt weder gut an noch macht es erfolgreich«, konstatierte beispielsweise der Psychologe und Ex-Kienbaum-Geschäftsführer Rainer Niermeyer in einem Artikel aus managerSeminare, Dezember 2008. Aus meiner Sicht greift das zu kurz, denn wir brauchen in Krisen nichts mehr als »Echtheit«, das heißt authentische Topmanager – aber in der Form, wie sie in der klassischen Führungstheorie ursprünglich gemeint war.

Entstanden ist das Konzept der »authentischen Leadership« als Reaktion auf »inkompetente, versagende oder gar moralisch verwerfliche Führende«, so Jürgen Weibler und andere in ihrem Buch *Personalführung* (2012). Das Konzept ist die Antwort auf die Forderung einer positiven Form von Führung, eine, die dort ansetzt, wo frühere Modelle wie etwa die »charismatische Führung« zu kurz greifen. Im Kern unterscheidet sich der neue Ansatz von den Vorgängerkonzepten dadurch, dass eine Führungskraft ihr Handeln an ethische Prinzipien knüpft.[6]

Ein Manager, der in der Krise authentisch führt, lässt sich folgendermaßen beschreiben:

- Er orientiert sich konsequent an ethisch-moralisch vertretbaren Prinzipien, die dauerhaft gültig sind und nicht verletzt werden dürfen – daraus zieht er seine Glaubwürdigkeit und ist somit berechtigt, andere zu leiten.

- Dieser Werte muss sich ein Manager stets bewusst sein, und er muss sie nach außen hin klar vertreten.
- Das Handeln eines Managers muss seinen Überzeugungen und somit ihm als Person entsprechen. Seine Werte und sein Verhalten müssen stimmig sein und dürfen seitens der von ihm Geführten keinen Widerspruch hervorrufen.
- Ein Manager dieses Formats begegnet anderen immer wertschätzend.

Wenn Sie als Manager diese Eigenschaften mitbringen und sich wie beschrieben verhalten, wird sich die Belegschaft an Ihnen orientieren und Ihnen langfristig vertrauen – im Tagesgeschäft und in der Krise, weil Sie so zu einer zuverlässigen Konstante werden. Anders als Menschenfresser, die mit ihrer Launenhaftigkeit unberechenbar sind.

Was machen Manager konkret, die authentisch führen, die Berücksichtigung ethischer Prinzipien eingeschlossen? Ist Letzteres angesichts alltäglicher Unwägbarkeiten dauerhaft möglich? Kann man das durchhalten? Schauen wir uns das Beispiel des Vorstands eines Softwarekonzerns an.

FALLBEISPIEL

Sind Sie ein »Ausnahme-Manager«?

Ich habe Harald L. über viele Jahre beraten und kenne ihn gut. Auch in Krisensituationen ist er die Ruhe selbst – ob angesichts des Platzens der New-Economy-Blase 2000, während des nachfolgenden Börsencrashs und der Finanzkrise 2009. Er ist wie ein Fels in der Brandung und strahlt unerschütterliche Gelassenheit aus. Was ist mit Angriffen seitens der Presse oder mit Gegenwind aus dem Mutterhaus, einem internationalen Konzern? Auch das bringt ihn nicht aus der Fassung. Harald L. ist mittlerweile Mitte fünfzig und hält sich schon viele Jahre als Vorstand an der Spitze des Unternehmens.

Harald L. ist anderen gegenüber immer sehr freundlich, Servicekräfte in der Kantine und Taxifahrer eingeschlossen, die ihn von A nach B bringen. Er entspricht überhaupt nicht dem Bild, das Außenstehende gemeinhin von Vorständen haben. Hartes Auftreten, Arroganz, Unnahbarkeit? Fehlanzeige! Für Harald L. steht der Mitarbeiter als Mensch im Vordergrund, für den er sich als Chef des Unternehmens verantwortlich fühlt. Er ist höflich und bescheiden, warmherzig, souverän in sich ruhend. Für sein Unternehmen hat er eine klare Vision, er weiß, wo er damit hinwill. Er plant sorgsam die nächsten Schritte, bevor er sie in die Praxis umsetzt, und schwört Belegschaft und den Führungskreis in gemeinsamen Runden darauf ein. Was macht Harald L.s Erfolg im Unternehmen aus?

Vor einigen Jahren führte ich ein »360-Grad-Feedback« durch. Harald L. wollte wissen, was er besser machen kann, und hatte mich gebeten, Mitarbeiter und Führungskräfte auf seine Person hin zu befragen. Einer der Punkte war beispielsweise: »Wie schätzen Sie Harald L. auf einer Skala von eins bis zehn hinsichtlich seines Einfühlungsvermögens ein?« Das Ergebnis war erstaunlich, denn er schnitt in den meisten Kategorien gut und sogar sehr gut ab – besser als die meisten anderen, für deren Einschätzung ich dieses Feedback-Instrument genutzt habe. Warum genoss Harald L. bei den von ihm »Geführten« ein so hohes Ansehen? Die Freitextkommentare gaben darüber Aufschluss. Demnach war es die zwischenmenschliche Komponente, auf die sowohl Angaben der Mitarbeiter als auch Führungskräfte immer wieder abzielten: »Ich habe das Gefühl, er bringt mir Wertschätzung entgegen.« – »Er hat sich meine Belange angehört. Der will nicht um jeden Preis selber im Vordergrund stehen.« Und: »Er hat sich um mein Anliegen gekümmert und darauf reagiert. Er steht zu seinem Wort. Auch wenn es hart auf hart kommt, er bleibt ehrlich und gibt nichts vor, das er nicht erfüllen kann.«

Harald L.s gute Bewertung in der 360-Grad-Befragung belegt, dass es auf authentische Führung ankommt, will man von seinen Mitarbeitern akzeptiert werden. Es sind vier Charaktermerkmale und vier Handlungsmaximen, in denen sich vorbildliche Firmenlenker wie Harald L. von Menschenfressern und ihrem Umgang mit Mitarbeitern unterscheiden. Diese Merkmale und Maximen sollten Ihnen Richtschnur sein, wenn Sie in der Krise authentisch führen wollen.

Sie drücken sich im Tagesgeschäft wie folgt aus:

	Der Manager als »Menschenfresser«	Der authentische Manager
CHARAKTERMERKMALE		
1.	dominiert	kontrolliert sein Ego
2.	kennt keine Empathie	ist zugewandt
3.	missachtet Regeln	zeigt Prinzipientreue
4.	ist unberechenbar	ist glaubwürdig und verlässlich
HANDLUNGSPRINZIPIEN		
1.	missbraucht seine Macht	übervorteilt andere nicht
2.	missachtet andere	zeigt Respekt und Anerkennung
3.	macht leere Versprechen	zeigt Resultate
4.	manipuliert andere	»erreicht« Menschen emotional

Die Charakterprofile dieser beiden Managertypen sind der Anschaulichkeit halber hier als Extreme dargestellt. Für unser Thema Krise sind besonders die Handlungsprinzipien 3 und 4 bedeutend. Daher betrachten wir sie zuallererst:

Resultate vorweisen zu können, ist in einer Krisensituation essenziell. Das geht jedoch nur, wenn eine Kultur des Vertrauens herrscht. Stephen M. R. Covey, US-amerikanischer Vordenker, hat sich damit beschäftigt: Entscheidend ist, dass Sie Werte wie Integrität vorleben, etwa indem Sie Ihren Worten stets Taten folgen lassen. Wer es bei Lippenbekenntnissen belässt, unterminiert seine Glaubwürdigkeit, weswegen sich Mitarbeiter abwenden oder gar das Unternehmen verlassen.

FALLBEISPIEL

Verwenden Sie manchmal Worthülsen?

Eine Managerin in einer deutschen Großbank hatte vor der Geburt ihrer Tochter einen verantwortungsvollen Posten. Nach der Elternzeit wurde sie an anderer Stelle mit wesentlich weniger Verantwortung eingesetzt, obwohl sich ihr Arbeitgeber Familienfreundlichkeit auf die Fahnen geschrieben hatte. Neben dieser geringer dotierten Stelle war es der CEO selbst, weswegen sie kündigte. Er hatte ihr seine Unterstützung versprochen, es aber bei der Willensbekundung belassen. Während einer Konferenz im Kreis von Verantwortlichen sprach sie ihr Problem im Beisein anderer Mitarbeiter offen an, woraufhin der CEO entsetzt reagierte: »So ist das? Das will ich genauer wissen, schreiben Sie mir eine E-Mail. Ich werde mich persönlich darum kümmern und dafür sorgen, dass wir etwas für Sie tun.« Die Frau kam der Aufforderung nach, jedoch mit zweifelhaftem Erfolg – ihre E-Mail landete bei einem Abteilungsleiter, der schlussendlich vom CEO »einen auf den Deckel« bekam: Wieso hätten diese Themen so weit nach oben dringen und nicht anderweitig geregelt werden können. Am Status der Mitarbeiterin aber änderte sich nichts. Zynischer Kommentar der Mutter: »Das waren doch nur Wortblasen vom CEO. Er wollte in dem Moment gut rüberkommen, sonst nichts. Auf so jemanden kann ich wirklich verzichten.«

Mitarbeiter emotional zu »erreichen«, sie so zu motivieren, dass sie in der Krise mitziehen, gelingt Ihnen am besten, wenn Sie an deren Gefühle appellieren: »Charismatische Kommunikatoren umgehen die üblichen Wege der Überzeugungskunst; sie bringen Menschen zum Fühlen anstatt zum Denken und sprechen so direkt ihre Herzen an«, so der Psychologe Richard Wiseman.[7] Nehmen Sie als Manager die Abkürzung und erzeugen Sie eine Welle emotionaler Ansteckung. Gerade in Krisen, wo Sie Mitmenschen Ängste nehmen müssen und sie aus strukturell bedingter Trägheit aufrütteln müssen, sollten Sie dazu übergehen.

Authentisches Handeln als Führungsprinzip schafft Vertrauen bei Belegschaft und Führungskräften im unternehmerischen Alltag und ist die wichtigste Voraussetzung für die Bewältigung von Krisen. Authentisches Führen heißt: glaubwürdig und verlässlich zu handeln, das Ego zu kontrollieren, anderen zugewandt zu sein und Respekt, Anerkennung und Prinzipientreue zu zeigen, andere nicht zu übervorteilen, Resultate zu zeigen und Mitarbeiter emotional zu »erreichen«.

Wie können Sie diese Vorgaben authentischer Führung im unternehmerischen Alltag umsetzen? Es ist angesichts der Zwänge im oberen Management nicht einfach. Authentisch zu sein, insbesondere sich konsequent nach seinem inneren Kompass auszurichten und danach zu handeln, macht Sie im harten Konkurrenzkampf angreifbar, weil Sie sich damit nicht opportun geben und eine offene Flanke zeigen. Wie viel Freiraum bleibt Ihnen dann überhaupt noch?

KNOW-HOW FÜR DEN FÜHRUNGSALLTAG

Viele Topmanager reagieren auf die Zwänge des Tagesgeschäfts, indem sie »performen«. Das heißt, sie werden ihrer Rolle und den damit verbundenen Erwartungen entgegen ihren inneren Überzeugungen gerecht – sie verbiegen sich. Somit bestimmen Rollenerwartungen, die an eine Position geknüpft sind, das Handeln eines Menschen, wie es die Soziologie Ende der Fünfzigerjahre formulierte.

Vor allem die Erwartungen an den Topmanager sind zahlreich und hoch. Alle wollen etwas von ihm, ob Aufsichtsrat, mittleres Management oder das eigene Team. Diese »Erwartungserwartungen« – so der Soziologe Niklas Luhmann – führen zu einem Kreislauf: Jeder Mitarbeiter richtet sein Verhalten an den Rollen der anderen aus und erwartet von ihnen ein bestimmtes Verhalten. Umgekehrt macht er genau das, wovon er ausgeht, dass die anderen es erwarten. So entsteht ein kompliziertes, schwer zu durchschauendes Geflecht von Erwartungen, aus dem sich der Einzelne nur schwer befreien kann. Verstöße gegen Erwartungen werden unter Umständen dann schnell geahndet.[8]

Wie ist angesichts dessen zu erklären, dass ein Manager wie Harald L. nicht davor zurückscheut, diesen Kreislauf zu durchbrechen? Ausschlaggebend ist das Bild, das wir vom Menschen und dem Umgang miteinander haben. Das bestimmt in der Regel unbewusst unser Denken und Handeln. In der Krise bestimmt es mit, welche Handlungsmöglichkeit wir wählen und wie wir danach handeln. Als Manager sollten Sie die Gefahr kennen, die von stereotypen Menschenbildern ausgeht. Denn Sie beschränken sonst ohne Not Ihren Handlungsspielraum. Stereotype wirken mental wie ein Filter: Was nicht ins Bild passt, lassen wir erst gar nicht zu uns vordringen.

In Deutschland findet sich im Management ein hoher Anteil von Ingenieuren, Technikern und Naturwissenschaftlern. Wenn Topmanager oft als Technokraten bezeichnet werden, kommt das nicht von ungefähr: Ein Großteil hat eine sehr technisch-rationale Sichtweise. Für diese Manager sind Organisationen vergleichbar mit einer Maschine, und die Mitarbeiter betrachten solche Führungskräfte als Zahnräder im Getriebe. Kommt es zu einer Störung, sprich Krise, werden einzelne »Zahnräder« ausgetauscht, um das System zu »reparieren«. Diese Chefs nehmen an, dass das System anschließend wieder reibungslos funktionieren wird. Mitgefühl mit den Entlassenen oder in andere Unternehmensbereiche Verschobenen hat da keinen Platz. Das Menschenbild, das sich dahinter verbirgt, ist der rein an einer Nutzenmaximierung interessierte Manager.

Wirtschaftswissenschaftler weisen schon länger darauf hin, dass sich ein solches Handeln vor allem in der Krise als fatal erweist. In der Krisenforschung werden Konzepte entwickelt, die nicht mehr nur auf eine rein monetäre Umsetzung der Krisenbewältigung abzielen, sondern auch verhaltensorientierte Aspekte berücksichtigen.[9] Auch in der Betriebswirtschaftslehre gibt es Forschungszweige wie Behavioral Economics oder Behavioral Finance, wo der Name Programm ist. Hier wird menschliches Verhalten in Entscheidungsprozesse mit einbezogen, sprich: Unwägbarkeiten und Irrationalitäten werden berücksichtigt. Es ist Zeit, dass nicht nur in Forschung und Lehre umgedacht wird, sondern auch im unternehmerischen Alltag.

Charaktermerkmale sind grundlegende Eigenschaften, aus denen sich Handlungsmaximen für den Manager ableiten. Es ist kein Zufall, dass die Charaktermerkmale eines authentischen Managers (»das Ego kontrollieren«, »anderen zugewandt zu sein« ebenso wie »Prinzipientreue zu zeigen« und »glaubwürdig und verlässlich zu handeln«) oben in der Tabelle stehen. Verhaltensforscher wie der Niederländer Frans de Waal haben festgestellt, dass Empathie – anderen zugewandt sein – zu unserem evolutionären Erbe gehört und unser soziales und moralisches Handeln bestimmt.[10] Wir haben als Spezies nur überlebt, weil wir das eigene Ego hintanstellen und mit anderen Menschen kooperieren können. Zur »Prinzipientreue« lässt sich sagen, dass das Konzept der authentischen Führung daraus hervorgegangen ist, denn es geht um nichts anderes als darum, ethische Grundregeln einzuhalten. Wer diese Prinzipien verletzt, sieht sich schnell ins Abseits befördert.

Dabei handelt es sich um die Basis authentischer Führung, auf der die nachfolgenden Handlungsmaximen (»Respekt und Anerkennung zu zeigen«, »andere nicht zu übervorteilen«, »Resultate zu zeigen« und Mitarbeiter »emotional zu erreichen«) aufbauen. Wollen Sie sich auf den Weg zum authentischen Manager begeben, sollten Sie Ihr Augenmerk zunächst auf Folgendes richten:

Das Ego kontrollieren und anderen zugewandt sein: Die Empathie als Fähigkeit, sich in andere ein- und mit ihnen zu fühlen, ist in entwicklungsgeschichtlich frühen Hirnarealen angesiedelt. Sie wurde deutlich vor dem Sprachvermögen und anderen kognitiven Fähigkeiten, die der linken Gehirnhälfte zuzurechnen sind, ausgebildet. Auch unsere nahen tierischen Verwandten wie Affen und Ratten sind empathiefähig, wie Versuche zeigen. So ließ sich ein Schimpanse nicht etwa durch Drohungen oder Strenge bewegen, ein Dach zu verlassen, wohl aber durch Appelle an sein Mitgefühl. Als die für ihn zuständige Forscherin in Tränen ausbrach, verließ er seinen Platz umgehend und kam herunter, um sie zu trösten.[11]

Empathie ist die Bereitschaft und die Fähigkeit, sich in andere Menschen einzufühlen, so der Duden. Es gibt zwei Arten der Empathie, die kognitive und die emotionale. Bei Ersterer nimmt ein Mensch die Perspektive eines anderen ein. Er erkennt, dass der andere Schmerzen erleidet. Dieses Wissen bleibt aber auf der abstrakten Ebene, sodass der Schmerz körperlich nicht nachempfunden wird. Anders ist dies bei der emotionalen beziehungsweise auch affektiv genannten Empathie, wo beim Anblick von Leid eines anderen jene neuronalen Schaltkreise im Gehirn eines Menschen aktiviert werden, die auch bei eigenem Schmerz »anspringen« würden.[12] Das ist beim Thema Mitgefühl gemeint: Diese Fähigkeit zur affektiven Empathie, die durch bloßes Zuschauen eine Reaktion im eigenen Körper hervorruft. Die Fähigkeit zur Empathie ist messbar mithilfe bildgebender Verfahren wie dem Magnetresonanztomografen, der den Aktivierungsgrad des Schmerzzentrums im Gehirn ermittelt, während die Versuchsperson beobachtet, wie einem anderen Menschen Schmerzen zugefügt werden. Sie ahnen es: Menschenfresser fühlen auf abstrakter Ebene mit, sind also nur in kognitiver Hinsicht empathiefähig.[13]

Es ist unangenehm, das Leid beziehungsweise den körperlichen Schmerz anderer nachzuempfinden, sprich: am eigenen

Leib zu spüren. Letztlich heißt es, sich der eigenen Verletzlichkeit bewusst zu werden, sich ihr zu öffnen – etwas, das wir im beruflichen Kontext, in der freien Wirtschaft, zu vermeiden versuchen. Viele Manager tun in belastenden Situationen alles dafür, um nicht mitzuleiden – erinnern wir uns an die »Leiden der Vollstrecker« im ersten Kapitel, die auf Kets de Vries zurückgehen. Gestatten wir uns in diesen Momenten Mitgefühl, gelangen wir zu der Erkenntnis, dass es uns wie dem anderen ginge. Bestenfalls tragen wir in Zukunft Sorge dafür, anderen nicht zu schaden, oder überlegen, wie wir die Situation für den Betroffenen erträglicher gestalten können. Wir können ja in dieselbe Lage geraten. Nichts verhindert Egotrips wie Eitelkeit oder Arroganz effektiver, als für das Leid anderer empfänglich zu sein.

Die verschiedenen Spielarten der Empathie erleben in der Wirtschaft seit einiger Zeit eine Renaissance. Ein Beispiel dafür ist Demut, was so viel bedeutet wie »dienstwillig sein«. Demut ist ein Grundwert, der die Gesinnung eines Dienenden bedeutet. Auch sie resultiert aus der Erkenntnis, dass andere leiden, und aus dem Wunsch, das eigene »Mit-Leid« zu verringern. Im Alltag sprechen wir davon, dass »uns etwas demütig macht«. Wie also ist der Aufruf eines Alexander Dibelius, Deutschlandchef und Manager der Investmentbank Goldman Sachs, zu verstehen, als er Vertreter seiner Branche 2011 zu »kollektiver Demut« aufforderte?[14] War es ein Ausdruck reumütiger Einsicht im Zuge der Finanzkrise 2009, dass es mit Vergütungsexzessen und unlauterem Gebaren nicht weitergehen konnte? Oder steckte mehr dahinter, nämlich eine echte Rückbesinnung auf grundlegende Werte wie Empathie und Mitgefühl? Selbst ein Heinrich von Pierer, Exchef von Siemens, sagte: »Ich glaube, dass auch in einer Spitzenposition eine Demutshaltung hilfreich ist.«[15] Pikant, denn Siemens war wegen massiver Korruptionsskandale in die Schlagzeilen geraten.

Werte wie Empathie sind in der Wirtschaft insbesondere seit der Finanzkrise wieder en vogue. Direkt nach dem Zusammenbruch der Lehman-Bank herrschte Ratlosigkeit bei der Elite. Nicht nur der auf Topmanagern lastende Druck war durch die fortschreitende Globalisierung über Jahre hinweg gestiegen, auch sah es zunehmend danach aus, als würde das Wachstum eine Grenze erreichen. Aus dieser Stimmung heraus verspürten Manager verstärkt den Wunsch nach »etwas anderem« – etwas, das den bisherigen Strukturen etwas entgegensetzt. Der Trend geht seitdem eindeutig in Richtung der oben beschriebenen Werte – hin zu einem »Mit-Leiden«. Die Wirtschaft müsse ein menschliches Gesicht bekommen, so eine der Forderungen. Manche sprechen sogar davon, eine Art empathische Zeitenwende einzuläuten, beispielsweise Jeremy Rifkin, Berater der Europäischen Union in Wirtschaftsfragen und Vorsitzender der Foundation on Economic Trends in Washington. In seinem Buch *Die empathische Zivilisation* bezeichnet Rifkin die Empathie als Schlüssel zu einem allmählichen Wertewandel. Das Streben nach materiellem Erfolg soll zugunsten des Gemeinwohls zurückweichen. Der Ex-HSBC-Chairman Stephen Green bemüht sogar die Metapher, die »tektonischen Platten der Geschichte« würden sich zugunsten eines »Mit-Leidens« und einer neuen Menschlichkeit in der Wirtschaft verschieben.[16]

Glaubwürdig und verlässlich sein: Im Business müssen immer beide Seiten profitieren. Keiner sollte übervorteilt werden, egal ob es sich um Kunden oder Mitarbeiter handelt. Das ist keine Basis für längerfristige Geschäfts- oder Arbeitsbeziehungen. »Wir wissen ja, was man eigentlich tun müsste. Das sagen wir dem Kunden aber nicht, weil wir so mehr Geld verdienen«, offenbarte ein Vorstand hinter verschlossener Tür, als wir gemeinsam ein Angebot für dessen Großkunden vorbereiteten – ein typischer Menschenfresser, der in einer Krise scheitern würde.

Hält sich ein Verhandlungspartner in einer Geschäftsbeziehung nicht an vereinbarte Vertraulichkeit, provoziert er damit eventuell das Ende der Geschäftsbeziehung. Ein prominentes Beispiel: Der Exkanzler Helmut Kohl hatte mit Journalisten des

Magazins *Der Spiegel* in einer bestimmten Sache Stillschweigen vereinbart. Entgegen dieser Absprache recherchierten die Journalisten zu diesem Sachverhalt weiter. Die Folge: Abends um 22.00 Uhr rief Helmut Kohl den Chefredakteur des *Spiegel* an und zitierte – offensichtlich wutentbrannt – aus der Bibel:»Bei allem, was du tust, bedenke das Ende.« Danach zog Kohl die Journalisten nie mehr ins Vertrauen.[17] Ein konsequentes Handeln: Wer auf Augenhöhe agieren will, darf andere nicht verprellen.

Unethisches Verhalten wird Managern zunehmend zum Verhängnis. Was früher vielleicht unter den Teppich gekehrt werden konnte, wird heute durch Digitalisierung unserer Lebenswelt und die steigende Zahl sozialer Medien einer breiten Öffentlichkeit bekannt. Alles ist dokumentiert, sei es durch Audio- oder Bildaufzeichnungen der Medien, durch Überwachungskameras an immer mehr Orten, SMS oder »geheime« E-Mails, in denen sich ein Unternehmensleiter auf eine Art und Weise äußert, wie es die Öffentlichkeit eigentlich nicht erfahren sollte. Kompromittierendes ist im Umlauf und kann einen Manager irgendwann belasten – oder die Karriere kosten. Dabei geht es nicht nur um Regelverstöße, sondern auch um fragwürdiges Führungsverhalten von Topmanagern, das durch Bewertungsportale wie Kununu öffentlich wird. Ob der Internetunternehmer Oliver Samwer wohl gewollt hat, dass seine E-Mail-Korrespondenz mit dem engeren Führungskreis bekannt wird? Darin forderte er »Aggressivität« und einen »Blitzkrieg« sowie »Geschäftspläne, die mit eurem Blut unterschrieben sind«.[18]

Hinzu kommt, dass die Öffentlichkeit seit Publikwerden der Bestechungsskandale wie bei Siemens 2007 ein immer größeres Augenmerk auf die Einhaltung von Regeln legt. Nicht umsonst landete der Wert Integrität in der Studie der Wertekommission von 2014 auf den vordersten Plätzen. Schon Ende 2010 forderte der Manager Stephen Green, Ex-Chairman der Großbank HSBC, einen »Ethik-Eid« für Manager.[19] Er mag dabei an die Absolventen im Fach Betriebswirtschaftslehre an der Harvard University gedacht haben, die sich seit 2010 zu ethischem Handeln als Unternehmer verpflichten.

Regelverstöße im Management werden mittlerweile streng geahndet. Das entsprechende Stichwort lautet verschärft Unternehmerhaftung. So muss ein CEO an der Spitze eines Unternehmens bei Fehlern oder Verstößen mit rechtlichen Konsequenzen rechnen, wie die Anklage des Deutsche-Bank-Chefs Jürgen Fitschen im April 2015 zeigte. Klage wurde nicht nur gegen ihn erhoben, sondern auch gegen seine Vorgänger Josef Ackermann und Rolf Breuer sowie gegen den ehemaligen Aufsichtsratschef Clemens Börsig. Ein Novum in der deutschen Rechtsprechung. Darüber hinaus wird gerade in großen Unternehmen seit einigen Jahren verstärkt der Fokus auf das Thema Compliance gelegt, also auf die Einhaltung von Gesetzen und Richtlinien (das englische Verb »to comply« bedeutet nichts anderes als Richtlinien einhalten). Ein Regelwerk wie der Deutsche Corporate Governance Kodex schreibt explizit die Verantwortung von Vorständen in deutschen börsennotierten Gesellschaften fest.

Ob allein ein wacher Blick auf Manager und ihr Gebaren zu guten Ergebnissen führt, ist fraglich. Dass Manager aus Angst vor Sanktionierung bei Regelverstößen potenzielle Risiken zunehmend scheuen, bringt allerdings nicht nur positive Effekte mit sich. Gerade in großen Firmen und bestimmten Branchen wie dem Bankgewerbe sitzt mittlerweile ein Drittel der Angestellten im Controlling, dem Bereich Compliance oder in der Rechtsabteilung. Deren Vertreter kontrollieren mit Argusaugen inzwischen auch an und für sich simple Geschäftsabschlüsse. Die Konsequenz: Geschäftsführer haben schon mal das Nachsehen, weil die Konkurrenz ihr Angebot schneller abgegeben hat – die internen Genehmigungsprozesse ziehen sich ins Unendliche.

Wie reagieren Geschäftsführer darauf? Indem sie jegliches Risiko vermeiden, um nicht ihres Amtes enthoben zu werden. Es gelingt ihnen am ehesten, wenn sie sich unauffällig verhalten und gar nicht erst Gefahr laufen, Regeln zu verletzen. Auch wenn das heißt, Geschäfte auszuschlagen. Die Folge ist Lähmung. Wenn die Angst vor Regelverstößen solche Blüten treibt, entwickelt sich im Unternehmen eine Misstrauenskultur. 2006 erschien der Bestseller *The Speed of Trust* des US-Autors Stephen M. R. Covey. Der Kernthese nach werden geschäftliche Transaktionen komplizierter, sie dauern länger und erfordern ungleich mehr Aufwand, wenn Misstrauen vorherrscht. Kennen Sie den Begriff »hanseatische Kaufmannsehre«? Er bezeichnet das Besiegeln selbst großer Geschäfte mit einfachem Handschlag. Das ist das genaue Gegenteil der heutigen Überwachungsmanie.

Was können Sie im oberen Management tun, um beides zu verhindern – Regelverstöße auf der einen und Überwachungsexzesse auf der anderen Seite? Sie sind der Misstrauensspirale nicht hilflos ausgeliefert. Beispiele von Firmenlenkern, die rechtzeitig gegengesteuert haben, zeigen das. Wir schauen uns im Übungsteil an, wie Sie Motor für eine Unternehmenskultur werden können, die auf Vertrauen setzt. Aber: Die Voraussetzung ist, dass Sie sich auf ein Handeln nach ethischen Grundprinzipien verpflichten – kompromisslos.

Des Weiteren mögen Sie sich fragen, ob Sie Ihre Empathiefähigkeit erhöhen können. Diese Eigenschaft ist nützlich, keine Frage, um Befindlichkeiten anderer besser einzuschätzen und eine Sache angemessen voranzutreiben. Empathie ist also kein Selbstzweck, sondern lässt Sie zu besseren Lösungen kommen. Viele Manager in meinen Seminaren bezweifeln zunächst, empathischer werden zu können, weil sie es aufgrund ihrer Persönlichkeitsstruktur für ausgeschlossen halten. Versuche haben aber eindeutig ergeben, dass es gelingen kann, und zwar wenn Emotionen angesprochen werden.[20]

Ihre Rolle als Topmanager lässt Ihnen schon im normalen Tagesgeschäft nur einen geringen Spielraum, authentisch zu führen. Hinzu kommt, dass eine Krise eine Sondersituation ist, in der es gilt, Mitarbeiter zu gewinnen und das Unternehmen neu aufzustellen. Umso mehr sind Sie in dieser Phase darauf angewiesen, nach den oben erläuterten Maximen zu handeln. Denn ohne diese werden Sie nicht weit kommen.

Viele Manager besuchen mittlerweile Ethikseminare. Ihr Manko liegt meist in der praktischen Umsetzung der Inhalte: Wie kann das Gelernte in den Unternehmensalltag integriert werden, auch gegen Zwänge? Erkenntnissen wie denen von Dibelius und von Pierer zuzustimmen, ist die eine Sache – eine ganz andere ist es, ihnen nachzukommen beziehungsweise aktiv im Alltag zu leben. Als Geschäftsführerin kann ich nur bestätigen, wie schwierig dies manchmal ist, was sich auch in den Fragen der Manager spiegelt, die in meine Seminare kommen: Wie sieht das konkret aus? Können Sie sich die Handlungsmaximen authentischer Führung aneignen, darin »besser« werden?

FALLBEISPIEL

Lust auf Perspektivenwechsel?

Der Geschäftsführer einer großen Versicherung in Süddeutschland war auf für ihn ungewohnten Pfaden unterwegs: Er absolvierte ein zweiwöchiges Praktikum in einer Einrichtung für Menschen mit Behinderung, an die ein Hospiz angeschlossen war. Weil man ihn in der Region namentlich kannte, legte er sich ein Pseudonym zu. Er hatte keine großen Erwartungen, und eigentlich hatte er Dringenderes zu tun. Zum Praktikum überredet hatte ihn der Leiter der Personalabteilung mit dem Argument, dass er dadurch zum Vorbild für die Beschäftigten werden könnte, indem man über sein Engagement in der nächsten Ausgabe des Mitarbeitermagazins berichtet. Der Geschäftsführer stimmte schließlich zu und trat sein Praktikum in der Behinderteneinrichtung an. Im Nachhinein sagt er: »Ich hätte nichts Besseres tun können.«

Was war geschehen? Erst einmal stellten ihn die zwei Wochen vor ungeahnte Herausforderungen. Manche waren praktischer Natur. So war es für den Geschäftsführer eine neue Erfahrung, im Supermarkt zu den günstigen Handelsmarken zu greifen: »Was ist das?«, fragte er, als er von der Leiterin der Einrichtung mit dem Einkauf beauftragt wurde. Und als er während seines Praktikums noch einmal ins Büro musste, um etwas zu holen, erkannte er, welche Rolle das äußere Erscheinungsbild in seiner Welt spielt. Er war zu Fuß gekommen, hatte einen Dreitagebart und trug ein Bart-Simpson-T-Shirt, als er am Empfang vorbeikam. Dort wollte ihn der Pförtner zuerst nicht einlassen, weil er ihn nicht erkannte. Für den Pförtner war der Sprung wohl zu groß: Der sonst glatt rasierte Chef fuhr normalerweise im teuren Benz mit Chauffeur vor und stand nun im Ornat des Normalmenschen vor ihm.

Darüber hinaus berührten den Geschäftsführer die Menschen, mit denen er Kontakt hatte. Im Hospiz beispielsweise saß er am Bett von an Aids und Krebs Erkrankten und las ihnen vor. Oder er hörte ihnen zu. Ein anderes Mal begleitete er eine Gruppe von Menschen mit Behinderung auf einen Kurzausflug. Währenddessen kam ihm einer der Teilnehmer kurzzeitig »abhanden« – er war von den anderen unbemerkt auf einer Parkbank eingeschlafen und zurückgeblieben. Große Aufregung, bis sie ihn gefunden hatten. Insgesamt stellte diese Zeit komplett neue Anforderungen an den Geschäftsführer, die er zunächst als hart empfand. Im Nachhinein sagt er aber, jede Minute genossen zu haben. »Das war etwas ganz anderes. Irgendwie macht so was demütig. Es ist nicht das letzte Mal gewesen, dass ich so was mache.«

Zwischenmenschliche Begegnungen sind von Emotionen begleitet. Sind diese stark, können sie sich körperlich auf verschiedene Weise auswirken, bevor sie uns bewusst werden.

Die Yoga-Ausbilderin Nischala Joy Devi, die in Programmen zur Krebshilfe und zur Herzstärkung mit den bekannten US-Spezialisten Michael Lerner somit Dean Ornish zusammenarbeitet, hat sich mit der Frage beschäftigt, ob Mitgefühl die Gesundung von Patienten fördert. In einem Versuch dazu zeigten Wissenschaftler ihren Probanden Filmszenen über das Wirken von Mutter Teresa. Vorher nahmen sie Blutproben von den Testpersonen und analysierten die Immunfunktionen. Die Filmszenen zeigten zum einen, wie Mutter Teresa mit Frühgeborenen umging, die eine Fehlbildung hatten, zum anderen, wie Mutter Teresa Sterbende begleitete. Manche Zuschauer weinten, andere blieben unberührt – allerdings nur dem Schein nach. Das überraschende Ergebnis des Versuchs nach einer erneuten Blutentnahme und -auswertung: Die Teilnehmer wiesen bessere Immunwerte auf als vor dem Test. Auch diejenigen, die nach eigener Aussage kalt blieben beim Anschauen der Filmszenen oder die das Handeln von Mutter Teresa sogar explizit ablehnten, wiesen bessere Blutwerte auf. Schon das bloße Beobachten emotionaler Handlungen wirkte sich positiv aus – selbst bei skeptischen Probanden.[21]

Der Versuch zeigt: Als Manager tun Sie also auch für sich selber gut daran, an Ihrer Fähigkeit zu Anteilnahme, Mitgefühl, Empathie, kurzum an Ihrer Fähigkeit zu emotionaler Beteiligung zu arbeiten. Sie bleiben letztlich gesünder und sind besser gewappnet, um in Krisen mit Ihren Ängsten umzugehen. Forscher bestätigen: Gefühle von Verbundenheit mit anderen Menschen wirken positiv auf körpereigene Immunzellen.[22] Das wurde besonders deutlich bei der Ermittlung von Herzrhythmus-Mustern:

Negative Emotionen wie Zorn und Angst lassen den Herzrhythmus unregelmäßig werden. Die Folgen: Das Immunsystem wird geschwächt, und der Körper schüttet verstärkt das Stresshormon Cortisol aus.

Positive Emotionen, egal ob Wertschätzung, Dankbarkeit, Demut oder Mitleid verbessern physiologische Vorgänge. Der Herzrhythmus wird regelmäßig. Der Hormonhaushalt ist ausgeglichen, was wiederum für eine größere Konzentration von Hormonen sorgt, die zu körperlicher Entspannung führen. Das hebt in der Folge die Stimmung und erhöht die Bereitschaft, anderen freundlich und wertschätzend zu begegnen.[23]

Ego ist gut – Egomanie ist tödlich

Um die für Menschenfresser typische starke Ich-Fokussierung aufzusprengen, hilft das Einlassen auf emotionale Erfahrungen oder der Austausch mit Gleichgesinnten. Der wie im Fallbeispiel beschriebene Perspektivwechsel bietet sich hier an. Es gibt mittlerweile Programme speziell für Wirtschaftsbosse beziehungsweise Führungskräfte: Sie kümmern sich über einen begrenzten Zeitraum um Kinder, Kranke oder Menschen mit Behinderung.

Im Nachgang zu meinen Seminaren plane ich mit Managern solche Einsätze und begleite sie dabei. Das sieht dann so aus: Ein Geschäftsführer fährt nachts mit Bussen mit und hilft Ehrenamtlichen, Nahrungsmittel und Decken an Obdachlose zu verteilen; ein Vorstand hilft gelegentlich im Kindergarten aus und ist begeistert, wie ehrlich und ungekünstelt die Kleinen ihm begegnen. Wenn Sie sich auch darauf einlassen wollen, müssen Sie damit rechnen, dass die jeweiligen Anforderungen zunächst ungewohnt sind, dass sie Ihnen aber helfen können, neue Facetten an sich zu entdecken. Es ist die damit einhergehende stark emotionale Komponente, auf die es ankommt, die Sie hoffentlich herausfordert und innerlich wachsen lässt.

Sollte Ihre Zeit die Teilnahme an einem Programm wie diesem nicht ermöglichen, gibt es noch alternative Techniken:

Variante 1: sich einer Peergroup anschließen. Sie können sich mit anderen Topmanagern aus verschiedenen Unternehmen regelmäßig treffen. Das wird in Form von geschlossenen Netzwerken organisiert – mit dem Ziel, dass sich alle frei und ohne Furcht vor Konkurrenz äußern können. Vertrauen schafft, dass sich die Teilnehmer auf Augenhöhe bewegen und die Probleme anderer aus eigener Erfahrung kennen. Ziel dieser Runden ist der ungeschminkte Austausch, der im Alltag fehlt. In der Gruppe können sie offen sein, ohne befürchten zu müssen, dass Informationen gegen sie verwendet werden. Außerdem hilft der unmittelbare

Einblick in die Gepflogenheiten anderer Unternehmen. Ich moderiere mehrere solcher Gruppen, in denen wir häufig Verhalten in kritischen Situationen – zum Beispiel bei anstehenden Entlassungen – analysieren. Manchmal hilft den Managern allein schon zu sehen, dass es auch anders gehen kann. Dabei kommt es vor, dass ein Teilnehmer aus Unkenntnis alternativer Handlungsstrategien heraus in seiner Schilderung kritischer Situationen Härte zeigt. Ihm und allen anderen hilft dann das Repertoire angemessener, menschlicher Verhaltensweisen, das ich Ihnen vorstelle beziehungsweise das wir gemeinsam für zukünftige Krisen erarbeiten.

Variante 2: Coaching. Daneben können Sie sich im vertraulichen Rahmen, fernab vom Arbeitskontext, coachen lassen. In einer solchen Sitzung werden Themen diskutiert, die Sie zwar bewegen, die Sie aber im eigenen Unternehmen nicht loswerden können. Viele Manager tragen im unternehmerischen Alltag eine Maske, die ihre wahre Stimmung und ihre Zweifel verbirgt.

Im Gespräch mit einem Coach fallen diese Schranken. Es vermischen sich in der Regel fachliche mit persönlichen Fragen. Achten Sie daher darauf, dass der Coach Ihnen auf Augenhöhe begegnet und den unternehmerischen Kontext gut kennt. Absolute Vertraulichkeit ist Voraussetzung, weshalb die Sitzungen häufig abends nach Dienstschluss stattfinden, an Orten wie einer Flughafen-Lounge. Viele Topmanager, die ich betreue, würden allerdings nie offen zugeben, ein Coaching in Anspruch zu nehmen, da ihnen dies als Zeichen von Schwäche ausgelegt werden könnte.

Variante 3: Querdenker ins Team holen. Das Führungsteam mit Querdenkern zu verstärken, ist eine weitere Möglichkeit, um sich für eine Krise zu wappnen. Menschenfresser versammeln schwache Führungskräfte um sich, die ihnen nicht gefährlich werden können. Ihr Ego duldet nämlich keinen Widerspruch.

Selbstbewusste Querdenker schrecken hingegen nicht davor zurück, Wahrheiten schonungslos auszusprechen – denken Sie an das Kind im Märchen »Des Kaisers neue Kleider«, das als Einziges gewagt hatte, dem Kaiser zu sagen, dass er nackt ist. Die Chance, in kritischen Situationen gute Entscheidungen zu treffen, steigt im Austausch mit Andersdenkenden und Menschen mit anderem Hintergrund deutlich.

Variante 4: informelle Treffen. Das Zusammenkommen von Führungsspitze und Mitarbeitern in regelmäßigen Abständen kann dazu führen, dass sich die Beteiligten menschlich näherkommen und auf Augenhöhe erleben. Was in kleineren Firmen selbstverständlich ist, fehlt vielfach in Konzernen oder Großunternehmen: Ob beim gemeinsamen Fußballspiel, beim Grillen im Sommer oder bei Aktionen à la »Frühstück mit dem Geschäftsführer« im Rahmen von Qualitätsoffensiven. Sofern der Rahmen überschaubar bleibt, ist die Wahrscheinlichkeit gerade in großen Firmen hoch, dass der Topmanager Mitarbeiter als Menschen kennenlernt. Vielleicht nimmt er sie daraufhin bei Umstrukturierungen nicht nur als »Zahnräder im Getriebe« beziehungsweise Zahlen wahr, die es hin- und herzuschieben gilt, sondern als »echte« Menschen, zu denen er einen persönlichen Bezug hat.

Variante 5: die Arbeit am eigenen Menschenbild. Dafür müssen Sie das eigene Ego kritisch hinterfragen. Zunächst geht es darum, sich das Bild, das Sie von anderen Menschen haben, bewusst zu machen und dann in einer konkreten Situation zu prüfen, ob es angemessen ist.

In Coachings von Managern erlebe ich oft, dass es um Macht und Unterwerfung geht. Dies äußert sich in der zwischenmenschlichen Kommunikation, wenn einer versucht, den anderen zu manipulieren. Manager, die dazu neigen, möchten vor allem wissen, wie sie Situationen zu ihrem Vorteil gestalten können, und wünschen sich das entsprechende rhetorische Werkzeug oder andere Mechanismen, derer sie sich bedienen können. Im Grunde wollen sie nichts anderesals Verhaltensweisen genannt bekommen, die in Richtung Menschenfresser gehen. Offensichtlich können sie sich nicht vorstellen, dass zufriedenstellende Lösungen auch anderweitig zustande kommen können. Sie haben sich also weniger bewusst für Manipulation und Ähnliches entschieden, sondern wissen oftmals einfach nicht, wie sie ihr Ziel auf anderem Weg erreichen können.

Machen Sie es besser, indem Sie sich auf das Konzept vom »authentischen Manager« einlassen. Sie begeben sich damit in einen langfristigen Prozess, der Ihnen hilft, eine Haltung des authentischen Führens einzunehmen. Die Beantwortung folgender Fragen kann Ihnen dabei helfen:

- Was macht Ihre Identität aus? Wenn das zu abstrakt ist, fragen Sie sich, wofür Sie stehen.
- Was hat Sie geprägt und zu dem gemacht, der Sie heute sind?
- Welche drei Aussagen halten Sie für absolut wahr?
- Welche Normen, Werte, Überzeugungen und Verhaltensmuster sind Ihnen eigen? Welche haben Sie von anderen übernommen? Machen Sie eine Liste (einfache Stichworte reichen).

Denken Sie an Ihre Firma: Kennen Sie die Normen und Werte der Organisation? Wie stehen Sie dazu? Welchen Einfluss haben diese auf Sie – oder sind Sie es, auf den diese zurückgehen?

Am besten halten Sie Ihre Antworten schriftlich fest. Wenn Sie die Aufzeichnungen aufbewahren, können Sie im Zeitverlauf feststellen, ob Sie auf Ihrem Weg zum authentischen Manager weitergekommen sind.

Nach der »Innenschau« können Sie nun überlegen, welches Bild andere von Ihnen haben könnten. Es gilt zu überprüfen, ob dies von dem Ihren abweicht. So mancher meiner Seminarteilnehmer schwört Stein und Bein, dass er anderen vollkommen offen begegnet und sich entsprechend verhält. Es ist aber oft die

Körpersprache, die anderes ausdrückt. Besonders gut sichtbar wird dies bei Rollenspielen mithilfe von Videoaufzeichnungen. Ich habe schon oft erlebt, dass vermeintlich offen Eingestellte mit deutlich abweisender Körpersprache dasitzen, die Arme verschränkt, dem Blick des Gegenübers ausweichend.

Am eigenen Ego zu arbeiten erfordert Ehrlichkeit gegenüber sich selbst und eine konsequente Annäherung von Selbst- und Fremdwahrnehmung. Das nachfolgende Beispiel einer Managerin zeigt, worum es hierbei genau geht.

FALLBEISPIEL

Kennen Sie Ihr »Menschenbild«?

Die vierzigjährige Geschäftsführerin einer Personalberatung arbeitete lange daran, zwei Seiten ihrer Persönlichkeit miteinander in Einklang zu bringen. Privat war sie schon immer ein sehr interessierter, mitfühlender Mensch, der viel lacht. Im Laufe ihres Berufslebens in einem harten Konkurrenzumfeld hatte sie sich aber einen rauen Umgangston angewöhnt. Auch ihre Stimme war deutlich tiefer als früher, wenn sie das Wort ergriff, sie sprach stakkatoartig und lächelte kaum noch. Das verlieh ihrem Auftreten zwar etwas Gradlinig-Korrektes, sie vermittelte aber auch den Eindruck von Unnahbarkeit und einer »Hardlinerin«.

Zur Wende führte das Treffen mit einer befreundeten Geschäftspartnerin, die sie bei einer Weiterbildung erlebte und die ihr hinterher offen ihren Eindruck spiegelte: »Du, wenn ich nicht wüsste, wie du privat bist, würde ich denken, eine völlig andere Person vor mir zu haben. So, wie du dich gerade in der Runde vorgestellt hast, würde ich Angst vor dir bekommen.« Das Feedback saß – die Geschäftsführerin nahm das zum Anlass, an ihrer Persönlichkeit zu arbeiten. Wie die Kollegin ihr Auftreten gespiegelt hatte, hatte sie nie wirken wollen. Letztlich war es Selbstschutz gewesen, weswegen sie sich angewöhnt hatte, so zu sprechen. Sie wollte nicht übervorteilt werden. Ihr Menschenbild, das ihr Handeln und Auftreten bestimmte, sagte im Grunde nichts anderes aus als: »Du musst aufpassen. Wenn du zu viel von dir preisgibst, nutzen andere das aus.« Erst als sie sich dessen bewusst geworden war, konnte sie ihr Misstrauen ablegen. Sie öffnete sich, und es gelang ihr, weicher und menschlicher aufzutreten. Sie lachte auch wieder deutlich mehr. In ihrer Firma zahlte sich das unmittelbar aus – viele Mitarbeiter fassten mehr Vertrauen zu ihr als in den Jahren zuvor, und der Umgangston in ihrem engeren Führungskreis wurde deutlich persönlicher und vertrauensvoller.

Wenn Sie Ihr eigenes Menschenbild spiegeln wollen, helfen Techniken aus dem Bereich der Betriebspädagogik. Der Landauer Professor Jendrik Petersen schlägt vor, dass Sie als Topmanager in einen Dialog mit Mitarbeitern, möglichst aus unterschiedlichen Hierarchieebenen eines Unternehmens, treten sollten. Sie sprechen darin aktuelle Themen aus Ihrem Führungsalltag an. Dadurch treten Sie und Ihre Mitarbeiter nicht nur miteinander in Kontakt und lernen sich besser kennen. Vielmehr hat sich dabei gezeigt: Je unterschiedlicher die Sichtweise von Gesprächspartnern ist, desto eher gehen aus solchen Runden überraschende Lösungen hervor.[24] Das dahinterliegende Führungskonzept nennt sich »Dialogische Führung« und wurde beispielsweise erfolgreich in der Drogeriemarktkette dm unter dem für seine innovative Sichtweise bekannten Firmenchef Götz Werner angewendet.[25]

Ein Dialog kann aber noch weit mehr sein, insbesondere in einer Krise, wenn es darum geht, Lösungen zu finden: »Wo aber das Gespräch sich in seinem Wesen erfüllt zwischen Partnern, die sich einander in Wahrheit zugewandt haben, sich rückhaltlos äußern [...], vollzieht sich eine denkwürdige, nirgendwo sonst sich einstellende Fruchtbarkeit [...] Das Zwischenmenschliche erschließt das sonst Unerschlossene.« Dieser bis heute unverändert gültige Ausspruch stammt von dem Religionsphilosophen Martin Buber.[26]

Nur wer versteht, wird verstanden

Empathie ist nützlich, gerade in der Krise, in der Kompromisse gefunden und Einschnitte mitgetragen werden müssen. Denn wer sich von Ihnen verstanden fühlt, ist viel eher bereit, Zugeständnisse zu machen. Den Perspektivwechsel haben wir als eine Möglichkeit kennengelernt, um den Blick für andere und ihre Belange zu öffnen, sich in sie hineinzuversetzen und besser zu verstehen.

Sie können dies weiterhin fördern, indem Sie sich an einen ruhigen Ort setzen und sich eine Person vorstellen, die entweder in akuten Schwierigkeiten steckt, die gerade Schmerzen durchleidet oder ein Unglück erlebt hat. Die Übung wirkt am besten, wenn Sie sich eine Person oder ein Lebewesen vorstellen, zu der oder dem Sie eine enge Beziehung haben, also zum Beispiel zur verstorbenen Großmutter, zum geliebten Haustier. Im Laufe der Übung kommt es darauf an, sich das Leiden der Person oder des Lebewesens zu vergegenwärtigen und ihr oder ihm in Gedanken zu helfen.

Sie können sich anderen auch stärker zuwenden, indem Sie Dankbarkeit zeigen. Der Forscher Robert Emmons empfiehlt diese Technik, damit Sie sich Menschen, denen Sie dankbar sind, verbunden fühlen. Er schlägt verschiedene Varianten vor: Etwa ein »Dankbarkeitstagebuch« oder den laut ausgesprochene Dank an jemanden für das, was er Ihnen bedeutet oder für Sie getan hat. Wichtig ist, dass Sie dabei aufrichtig sind. Sie werden feststellen, dass Sie Ihr Umfeld dadurch nicht nur stärker, sondern auch anders wahrnehmen.[27]

Regeln einhalten? Mit Augenmaß!

Authentisch zu führen heißt, sich ethischen Prinzipien entsprechend zu verhalten. Für die meisten ist das ein hehres Ziel, wie die Praxis zeigt. Denn Regelverstöße, die auf höchster Ebene im Unternehmen toleriert werden, gibt es häufig, während

Mitarbeiter nachgelagerter Hierarchiestufen zur Rechenschaft gezogen werden.

Meiner Erfahrung nach gibt es zwei ganz verschiedene Verhaltensweisen: Entweder wird zu wenig darauf geachtet, dass Regeln von der Unternehmensspitze eingehalten werden, oder aber man schaut dem Topmanagement so genau auf die Finger, dass es das Geschäft lähmt. Sie können sich vorstellen, dass in beiden Fällen keine gesunde Kultur eines ethisch akzeptablen Verhaltens im Unternehmen entstehen kann. Dessen müssen Sie sich bewusst sein, um es anders zu machen.

FALLBEISPIEL

Sie würden doch nie gegen Regeln verstoßen?

Der Geschäftsführer einer osteuropäischen Niederlassung, die zu einem internationalen Fertigungskonzern gehört, unterschreibt einen Vertrag mit einem prestigeträchtigen Großkunden und wird dafür von der Konzernspitze hochgelobt. Es gibt aber einen »kleinen Störfaktor«: die zuständigen Mitarbeiter der konzerneigenen Compliance-Abteilung. Diese sind in jeden Schritt der Angebotserstellung eingebunden gewesen und haben im Vorfeld das Vertragswerk offen infrage gestellt. Aus ihrer Sicht verletzt es maßgeblich die Richtlinien des Unternehmens und stellt somit einen eindeutigen Regelverstoß dar. Von daher haben sie dem Geschäftsführer empfohlen, dem Kunden abzusagen. Der hat aber an dem Projekt festgehalten, und als es zum Vertragsabschluss kommt, beschließt der Leiter der Compliance-Abteilung, dies zu verhindern. Er will den Regelverstoß an die Konzernspitze kommunizieren und spricht darüber mit seinen Vorgesetzten. Deren Haltung ist eindeutig: Sie raten ihm davon ab, das Thema aufzubringen, mit dem Hinweis, dass es nicht gut für seine Karriere sei. Etwas später wird eine vertrauliche E-Mail des Konzernchefs publik. Darin heißt es: »Ich weiß, dass es ein Regelverstoß ist – aber den Vertrag zu schließen, ist trotzdem die richtige Entscheidung. Das Geschäft ist zu wichtig für die

Länderfiliale. Wir brauchen in solchen Fällen keine albernen Compliance-Verfahren zu beachten.« Die Konzernspitze ist also im Bilde und deckt den Geschäftsführer der Niederlassung.

Jahre später stellt sich Folgendes heraus: Erstens entwickelte sich das Geschäft für den Konzern zum Desaster. Sämtliche Risiken einzugehen erwies sich als Fehler, der Compliance-Manager hat also recht behalten – der Verlust, der letztlich entstand, war enorm.

Zweitens hatte der fatale Vertragsabschluss für den Geschäftsführer der osteuropäischen Dependance keine negativen Folgen. Er überstand alles unbeschadet, wurde befördert und in die Konzernzentrale geholt, bevor die Verluste offenkundig wurden. Drittens ist der Leiter der Compliance-Abteilung, den man hat abblitzen lassen, heute noch verbittert, obwohl er inzwischen die Stelle gewechselt hat: »Ich bleibe in keinem Laden, wo Regeln so mit den Füßen getreten werden.«

Sie stehen an der Spitze eines Unternehmens, also tragen Sie auch Verantwortung dafür, dass so etwas nicht passiert. Mehr als alles andere entscheidet Ihr Verhalten darüber, ob die Führungskräfte auf nachgelagerten Ebenen sowie Ihre Mitarbeiter ethisch handeln. Das ist die eine Seite der Medaille – umgekehrt tut sich keiner einen Gefallen, wenn die Einhaltung der Compliance innerhalb eines Unternehmens auf die Spitze getrieben und das Tagesgeschäft irgendwann unnötig verlangsamt wird, sodass es fast zum Erliegen kommt.

Einfach gesagt soll das Regelwerk eines Unternehmens in erster Linie illegale Machenschaften wie Korruption verhindern. Das ist gut und sinnvoll, solange es sich nicht auch noch auf allerkleinste mögliche Vorfälle erstreckt. In vielen Unternehmen gilt etwa die Regel, dass Geschenke von Dienstleistern nicht angenommen werden dürfen, wenn sie teurer als 44 Euro sind, selbst wenn es sich dabei um ein Buch handelt. Vielleicht haben auch Sie den Eindruck gewonnen, dass Mitarbeiter gerade großer Unternehmen von der Vielzahl an Richtlinien und deren Einhaltung regelrecht erschlagen werden. Denn das kann sich fatal auswirken.

Wer bei allem zu befürchten hat, gegen irgendeine Vorgabe einer unübersichtlichen Compliance-Ordnung zu verstoßen, sichert sich irgendwann permanent ab – und kann so seine Arbeit nur noch eingeschränkt ausüben. Sie als Unternehmenslenker müssen dem vorbeugen und sicherstellen, dass große Regelverstöße nicht toleriert werden. Die Verantwortlichen sind umgehend und mit aller Härte zur Rechenschaft zu ziehen. Sorgen Sie dafür, dass Mitarbeiter »echte« Verstöße melden können, ohne gegen eine »Wand des Schweigens« anzurennen oder selber als Denunzianten beziehungsweise Nestbeschmutzer dazustehen. Sie müssen sie schützen – auch und gerade wenn es deren eigene Vorgesetzten sind, die gegen Regeln verstoßen.

Was bedeutet das für Sie als Unternehmensleiter im Einzelnen? Zunächst müssen Sie herausfinden, welche Regelverstöße ein ernst zu nehmendes Risiko darstellen. Machen Sie diese offiziell bekannt und verankern Sie allgemeines Risikobewusstsein in Ihrer Unternehmenskultur. Dafür stellen Sie sämtliche geschäftsbezogenen Prozesse des Unternehmens auf den Prüfstand. Wo liegen die Risiken, die für Ihr Unternehmen zur echten Gefahr werden können? Bei der Analyse können Sie sich glücklicherweise auf die »üblichen Verdächtigen«, also auf die Unternehmensbereiche beschränken, die Grauzonen für die Regelauslegung bieten. Hierzu gehören der Einkauf, aber auch Geschäfte mit Firmen in Schwellenländern oder mit Regierungsstellen. Nehmen Sie die Compliance-Richtlinien Ihres Unternehmens kritisch unter die Lupe: Schreiben diese vor, wie mit Regelverstößen in sensiblen Fragestellungen umzugehen ist? Im Gegenzug können Sie die Risiken ignorieren, die in ihrer Auswirkung zu vernachlässigen sind. Damit »entschlacken« Sie Ihr Regelwerk deutlich.

Darüber hinaus sollten Sie ethisch »saubere« Führungsprinzipien im Unternehmen etablieren, die für sämtliche Führungskräfte bindend sind, nachgelagerte Manager eingeschlossen. Nichts wirkt auf Mitarbeiter überzeugender als eine Führungsriege, die geschlossen ethisches Verhalten vorlebt.

Erst wenn diese Voraussetzungen erfüllt sind, können Sie zur Kür übergehen und anderen die Verantwortung übertragen, dass Regeln eingehalten werden. Letztlich sollte jeder Mitarbeiter geschäftliche Entscheidungen, die in seinen Arbeitsbereich fallen, eigenständig auf Risiken hin abklopfen. Im Zweifelsfall stehen die direkten Vorgesetzten bereit und helfen weiter. Nur so wird ethisches Handeln Teil der Unternehmenskultur.[28]

Ich bin okay – du bist (nicht) okay

Wie ist es um Ihren Machtanspruch bestellt? Wenn Sie anderen respektvoller und wertschätzender begegnen möchten, kommen Sie nicht umhin, sich vorab damit auseinanderzusetzen.

Schauen wir uns diesen Punkt näher an. Wie drückt sich Macht in einem Beziehungsgefüge überhaupt aus? Dabei stellt sich stets die Frage nach dem Ranghöchsten, sprich dem Anführer. Bei Gruppen ist das meist auf den ersten Blick ersichtlich, entweder aufgrund des Auftretens ihrer Mitglieder oder durch die Position, die sie im Raum einnehmen.

Das Machtverhältnis zwischen zwei Personen ist häufig an der jeweiligen Körperhaltung zu erkennen. Die des dominanten Partners ist aufrecht und straff, seine Stimmlage tief und entspannt. Er »führt« schon allein aufgrund der Art, wie er etwas sagt und wie es körpersprachlich und stimmlich zum Ausdruck kommt. Die ihm untergeordnete Person richtet ihr Handeln an ihm aus. Ihre Haltung ist eher gebeugt und schlaff aufgrund fehlender Körperspannung. Verlegenheitsgesten wie übers Gesicht und durchs Haar streichen sind häufig. Blickkontakt ist selten, hinzu kommt eine eher hohe Stimmlage, manchmal klingt das Gesagte auch gepresst.[29]

Für viele Manager ist es ungewohnt, die Rolle des »Untergebenen« anzunehmen und einmal nicht derjenige zu sein, der den Ton angibt. Für Sie auch?

Dann sollten Sie es ausprobieren, denn es kann Ihnen in der nächsten Krise helfen, besser verträgliche Lösungen für Ihre Mitarbeiter zu finden. Versuchen Sie, sich an eine Situation in der Vergangenheit zu erinnern, in der Sie selbst abhängig vom Handeln eines Vorgesetzten waren. Dann wird es Ihnen leichter fallen nachzuempfinden, wie sich Ihr Mitarbeiter angesichts Ihrer Überlegenheit fühlt. Es gibt noch weitere Möglichkeiten, wie Sie Ihre Wirkung auf andere verstehen lernen. Geschäftspartner von mir schwärmen von Workshops mit Pferden. Tiere reagieren unverstellt auf das Machtgehabe eines Menschen und erlauben gerade deshalb zu verstehen, wie dominantes Auftreten wirkt. Gut geeignet sind auch Teamerfahrungen in der freien Natur, wo es darauf ankommt, gemeinsam Grenzen zu überwinden.

Mit Respekt!

Wie können Sie als Chef einer Firma zeigen, dass Sie Mitarbeiter und Kollegen wertschätzen – egal, ob es sich um den Azubi oder den Briefboten handelt? »Im Unternehmen sind alle Menschen. Diese Sicht fehlt unserer Geschäftsführung, sie gehen alle Themen technisch und von den Tools her an, und eigentlich brauchen sie technisch gar nichts zu verstehen. Sie müssen nur mit den Menschen gut umgehen«, so der Assistent der Geschäftsführung eines Unternehmens. Die nachfolgenden Beispiele aus der Praxis zeigen, was genau darunter zu verstehen ist.

FALLBEISPIELE

Wie zeigen Sie Wertschätzung?

Der Microsoft-Gründer Bill Gates, heute vor allem mit seiner Frau Melinda aktiv für die eigene milliardenschwere Stiftung, hat keinen guten Ruf in den Medien. Sie bezeichnen ihn oft als »Nerd« und stellen ihn als autistisch anmutenden Computerfreak dar, über den tatsächlich offen gemutmaßt wird, ob er ein Hochbegabter mit Asperger-Syndrom ist. Können Sie sich vorstellen, dass Mitarbeiter jemanden wie ihn für seine Wertschätzung loben, die er ihnen in der Vergangenheit entgegengebracht hat?

Die Mitarbeiter der ersten Stunde – Microsoft war gerade aus der Garage gezogen – lernten ihn noch persönlich kennen, auf den ersten, damals noch überschaubaren Firmenkonferenzen. Die Rede ist von »genuine concern«, wenn sie Bill Gates beschreiben. Die deutsche Entsprechung ist echtes Interesse, das er ihnen beispielsweise auf der einmal im Fiskaljahr stattfindenden Veranstaltung für Vertrieb und Marketing entgegengebracht hat, denn er wollte jeden Mitarbeiter persönlich kennenlernen. Wie kam er dabei rüber? »Er war glaubwürdig«, so ein Kommentar. Einer meiner Interviewpartner erzählte, wie Bill Gates ihm seine Hand auf den Arm gelegt und gefragt hat: »Warum bist du hier, auf dieser Veranstaltung?« – und mit ehrlichem Interesse auf eine Antwort gewartet hat. Und als es um den Programmcode einer Software ging, hätte Gates sich die Zeit genommen, den Code zu verstehen, obwohl er gar nicht mehr in das operative Geschäft involviert war. Aus Sicht der anwesenden Programmierer war das nicht nur ein vorgeschobenes, sondern echtes Interesse. Bill Gates wollte wirklich verstehen.

Ein anderer Fall: Ein Gruppenleiter schrieb dem Deutschland-Chef eines Technologieunternehmens eine E-Mail: »Ich bin in echter Sorge, wenn das Unternehmen nicht allen Mitarbeitern offen mitteilt, in welcher Lage sich die Firma befindet.« Der Angesprochene nahm sich die Nachricht zu Herzen und nahm Kontakt mit dem Gruppenleiter auf. Er ließ sich alles erklären und beauftragte die Abteilung für interne Kommunikation, eine Mitarbeiterversammlung einzuberufen. Zwei Wochen später war es so weit, wobei sich sein promptes Reagieren auf die Mail des Gruppenleiters herumsprach. Alle kommentierten dies sehr positiv, sowohl seine Zugänglichkeit, seinen Umgang mit dem Thema an sich und dass er so schnell darauf eingegangen war.

Ein dritter Fall: Ein Bereichsvorstand hatte einen heiklen Auftrag in einem Rechenzentrum zu erledigen, das Dienstleistungen für andere Unternehmen der Gruppe erbrachte. Er sollte herausfinden, warum es zu Ausfällen bei Hochleistungsmaschinen kam, und dieses Problem beheben. Der Vorstandsvorsitzende hatte ihn beauftragt und ihm zu verstehen gegeben, dass er die Verantwortung zum Teil beim zuständigen Abteilungsleiter sah. Mit diesem wollte er nicht länger zusammenarbeiten, gab er zu verstehen.

Eine heikle Mission für den Bereichsvorstand, denn einerseits brauchte er Informationen vom Abteilungsleiter, um den Ursachen auf den Grund zu gehen, andererseits wusste er, dass dieser Abteilungsleiter keine Zukunft im Unternehmen hatte. Der Ausgang der Mission war also nicht offen. Der Bereichsvorstand war zum Glück erfahren und bewies ein gutes Händchen im Umgang mit dem Abteilungsleiter: Er gestaltete die Zusammenarbeit als offenen Prozess, das heißt, er dokumentierte sie für seine Vorgesetzten, indem er nicht nur die technischen Schwachstellen gemeinsam mit dem Abteilungsleiter behob, sondern auch dessen persönliche Schwächen zur Sprache brachte. Das Vertrauen war hinterher so groß, dass ein offener Dialog mit dem Vorstand möglich und eine einvernehmliche Regelung gefunden werden konnte: Die Stelle wurde neu besetzt, und der Abteilungsleiter erhielt einen anderen Posten bei gleicher Bezahlung, sodass er ohne Gesichtsverlust das Feld räumen konnte. »Mission accomplished« – »Zielvorgabe erreicht« durch das Einfühlungsvermögen des Bereichsvorstands und das Vertrauensverhältnis, das er zwischen den Beteiligten aufgebaut hatte.

Meinen Sie es ernst?

Die Belegschaft eines Unternehmens steht in der Krise hinter dem obersten Chef, wenn er sich als vertrauenswürdig erwiesen hat. Ein einfaches Beispiel vermittelt, wie das möglich ist. In IT-Projekten hatte ich häufig mit ehemaligen Beschäftigten des US-amerikanischen Unternehmens Digital Equipment zu tun.

Die Firma ist 1998 von Compaq übernommen worden, weil sie pleitegegangen war, und verschwand nach der Übernahme von der Bildfläche. Erstaunlich ist, dass die Exmitarbeiter von Digital noch Jahre später die Führungskultur ihres ehemaligen Arbeitgebers lobten – ein Unternehmen, das in Konkurs gegangen ist. Was zeichnete diese Führungskultur aus? Die Spitzenmanager des Unternehmens blieben nicht bei Ankündigungen stehen – sondern sind »Extrameilen« für die Mitarbeiter gegangen:

FALLBEISPIEL

Stehen Sie hinter Ihren Mitarbeitern?

1978, bei einer schlimmen Schneekatastrophe in den USA, setzten sich Topmanager von Digital Equipment in besonderem Maße für die Beschäftigten ein. Sie haben den Mitarbeitern, deren Anwesenheit nicht unbedingt erforderlich war, erlaubt, zu Hause zu bleiben, selbst als sich die Wetterlage wieder beruhigt hatte und die Behörden Entwarnung gaben. Vorausgegangen war, dass Mitarbeiter mit ihren Familien in Schneewehen stecken geblieben waren, woraufhin die Topmanager weder Mühe noch Geld scheuten, ihnen zu helfen. Sie veranlassten Rettungseinsätze durch Helikopter. »Für die hätte ich alles getan«, so dankbare ehemalige Mitarbeiter.

Zeigen Sie Ihre menschliche Seite!

Hand aufs Herz: Würden Sie sich als charismatische Führungsperson bezeichnen? Anders ausgedrückt, lösen Sie bei Ihren Mitarbeitern etwas aus? Sprechen Sie diese emotional an?

Wenn Sie charismatisch wirken möchten, sollten Sie einige Voraussetzungen erfüllen. Die erste: Nehmen Sie sehr genau die Signale Ihres Gegenübers wahr, imitieren Sie dessen Gesichtsausdruck und nehmen Sie eine ähnliche Körperhaltung ein, was möglichst natürlich aussehen sollte.[30] Das Ergebnis: Sie stellen allein so eine Gemeinsamkeit mit der anderen Person her.

Zweitens: Ein Pokerface aufsetzen und Gefühle in der Firma zurückhalten? Besser nicht. Zeigen Sie Emotionen, ganz gleich ob Freude, Rührung oder Mitgefühl. Das macht Sie »menschlich«, weil Sie nicht nur etwas von sich preisgeben, sondern auch etwas im Gegenüber auslösen – Sie stecken den anderen quasi an. Wir kennen es bereits aus dem Alltag, wobei uns das in der Regel nicht bewusst ist. Beispielsweise heben sich automatisch unsere Mundwinkel, wenn wir einen Freund erblicken, der uns anstrahlt. Wir können gar nicht anders, als zu lächeln.

KNOW-HOW FÜR DEN FÜHRUNGSALLTAG

Gähnen Sie auch, wenn ein anderer gähnt? Verantwortlich hierfür sind sogenannte Spiegelneuronen, eine angeborene Fähigkeit Ihres Gehirns, dessen Vorhandensein erstmalig 1992 bei Primaten beschrieben wurde. Sie ermöglichen, dass eine körperübergreifende Verbindung ohne verbale Kommunikation zwischen Menschen entsteht: Die Gehirne von zwei verschiedenen Personen schwingen sozusagen gemeinsam. Einfaches Beispiel: Hatten Sie auch schon einmal das Gefühl, einem wütenden Menschen gegenüberzustehen und dessen Wut direkt im eigenen Körper zu spüren? »Wut ist ansteckend«, sagen wir. Die aufgefangenen Informationen des Kommunikationspartners werden an das limbische System und von dort weiter an das Stammhirn und den Körper geleitet. Über diese Informationsweitergabe stellen wir eine »physiologische Resonanz« zu einem anderen Menschen her, das heißt, wenn dieser bei Wut schneller atmet oder einen sichtbar höheren Pulsschlag hat, können wir beides selber »am eigenen Leib« fühlen.[31]

Warum sollten Sie das nicht im unternehmerischen Alltag nutzen? Dafür bieten sich verschiedene Möglichkeiten:

Variante 1: Bilder körpersprachlich transportieren. Sie können sich regelrecht vornehmen und darauf hinarbeiten, mit Ihrem Auftreten eine emotionale Wirkung bei anderen auszulösen. Zunächst müssen Sie eine Vorstellung davon entwickeln, was Sie ausdrücken wollen. Beobachten Sie sich selbst vor Ihrem geistigen Auge: die Art, wie Sie auftreten, welche Botschaft Sie wie vermitteln und wie andere auf Sie reagieren. Nehmen Sie sich Zeit dafür, denn es ist nicht leicht, ein stimmiges Bild zu finden. Dann machen Sie sich klar, mit welcher Emotion das, was Sie nach außen darstellen wollen, für Sie verbunden ist. Wollen Sie andere aufrütteln, weil das Thema Sie persönlich mitnimmt? Oder wollen Sie den Ernst der Lage herausstellen, weil auch Sie Respekt vor der Aufgabe haben? Abschließend überlegen Sie, mit welcher Körperhaltung und Sprechweise Sie Ihre Botschaft transportieren wollen.

Das klingt einfacher, als es ist. Die Schwierigkeit liegt darin, dass Sie das Bild in Ihrem Kopf glaubhaft in Ihren Körperausdruck überführen. Ihre Mitmenschen schließen von der Körperhaltung auf das, was in dem Moment in Ihnen vorgeht. Für Sie heißt es, darauf zu achten, wie ehrlich Sie sind, wie wichtig Ihnen das jeweilige Thema ist. Das bedeutet, dass sowohl Tonfall als auch Körperhaltung Ihrer Botschaft entsprechen müssen. Erst dann appellieren Sie an die Gefühle anderer und lösen die gewünschte Resonanz aus.

Das trainiere ich mit Managern in Coachings sehr intensiv. Voraussetzung ist eine feine Wahrnehmung, wie Emotionen körperlich ausgedrückt werden können. Daran können Sie arbeiten, indem Sie sich eine Emotion aussuchen. Gehen Sie ein paar Schritte durch den Raum und versuchen Sie, diese in der Bewegung zum Ausdruck zu bringen. Die Sprache können Sie erst einmal vernachlässigen, arbeiten Sie nur körperlich.

Variante 2: Zusammen schwingen. Was in der Zweierbegegnung über den Mechanismus der Spiegelneuronen funktioniert, können Sie sozusagen auch auf breiter Front nutzen, etwa um die gewünschte Resonanz mit der gesamten Belegschaft hervorzurufen. Sie müssen hierzu ein gemeinsames Feld schaffen, das Mann und Maus im Unternehmen für Ihre Botschaften in der Krise empfänglich macht. Ein »gemeinsames Feld« im Unternehmen schaffen – das funktioniert gar nicht viel anders als bei Stammesritualen indigener Völker, die, um sich auf gemeinsame Entscheidungen einzustimmen, bestimmte Tänze oder Trommelrituale vollführen. Die Candomblé-Trommel-Zeremonie eines brasilianischen Volksstamms beispielsweise, die ich bei einer Brasilienreise kennenlernen durfte, verfolgt genau diesen Zweck. Die Teilnehmer der Zeremonie versetzen sich durch ewig gleiche Trommelrhythmen in eine Art Trance und stellen so eine gemeinsame »Schwingung« her.

Als ich noch in einem Konzern arbeitete, habe ich solche Gleichklang schaffenden Erlebnisse oft gehabt, beispielsweise bei verschiedenen Veranstaltungen, zu denen Mitarbeiter aus sämtlichen weltweit verstreuten Ländereinheiten zusammenkamen. Sehen sie sich heute wieder, schwärmen alle davon. Dabei ist es nicht die halbstündige Rede des Managing Directors oder irgendein Resort mit Blick auf eine Lagune mit glasklarem Wasser, an die sie sich gern zurückerinnern. Sie denken auch nicht an die grandiosen mehrgängigen Dinner am Pool mit musikalischer Untermalung einer exzellenten Band. Es sind stattdessen die groß angelegten Events, die ein Wir-Gefühl haben entstehen lassen und Jahre später die Augen der Mitarbeiter zum Leuchten bringen. Warum? Weil auf emotionaler Ebene etwas passiert ist, da sie beispielweise Teil eines Nationalorchesters wurden, das die Konzernspitze an eine historische Stätte in Südamerika eingeladen hatte, um gemeinsam Musik zu machen. Am Vorabend war das Orchester am selben Ort mit Plácido Domingo aufgetreten. Und nun saßen die Mitarbeiter Seite an Seite mit den Berufsmusikern im Orchester und spielten mit ihnen. Ein zufällig ausgewählter Mitarbeiter durfte sogar »dirigieren«, geführt vom Dirigenten des Orchesters. Alle konnten hautnah erfahren, was es bedeutet, gemeinsam zu spielen, miteinander in Einklang zu sein.

Events wie der beschriebene sind teuer und Sie fragen sich zu Recht, ob sich so eine Investition lohnt. Wichtig ist die Nachhaltigkeit solch einer emotionalen Erfahrung. Sorgen Sie für gemeinsame Erlebnisse, die im Gedächtnis bleiben. Das können Sie auch mit deutlich weniger Aufwand erreichen. Und belassen Sie es nicht bei einer einmaligen Sache. Beginnen Sie weit vor einer Krise, wenn Sie darauf angewiesen sind, dass alle zusammenstehen. Ob ein Weißwurstfrühstück jeden Freitag oder eine Fußgängerrallye an der Ostseeküste: Mitarbeiter fühlen sich durch solche Aktionen ihrem Unternehmen verbunden. Und Sie können in der Krise auf sie bauen.

Auch Sie persönlich können bei solchen Events punkten. Amerikanische Topmanager verstehen sich darauf, mit ihrem Auftritt das Publikum zu Tränen zu rühren. Ihre Botschaft spricht die Gefühle an, geht sozusagen direkt ins Herz. PowerPoint-Präsentationen sind bei ihnen selten, und wenn, dann steht auf jeder Seite maximal ein Satz. Stattdessen zeigen sie einprägsame Bilder, die berühren. Diese Manager treten als Menschen auf die Bühne und wirken authentisch.

Da haben Sie etwas vor sich

Alle hier genannten Techniken sind nur erste Schritte auf dem Weg hin zu »echter« Authentizität, die auch viel damit zu tun hat, wie Sie mit den Wendepunkten in Ihrem Leben umgehen. Ligon, Hunter und Mumford untersuchten 2008 die Biografie von hundertzwanzig Führungspersönlichkeiten aus Wirtschaft, Politik und Militär. Sie fanden heraus, dass es vor allem ein guter Umgang mit negativen Erlebnissen gewesen ist, der Einfluss auf Werte, Selbstwahrnehmung und Antrieb genommen und damit die eigene Führungsidentität geprägt hat.[32] Authentizität hängt also stark davon ab, mit negativen Erfahrungen bewusst umzugehen und sinnvolle Erkenntnisse daraus zu gewinnen.

Wie sind Sie so geworden, wie Sie sind?

Kehren wir noch einmal zu Harald L. zurück, der schon viele Krisen überstanden hat, sich mit fünfzig an der Spitze eines Unternehmens hält und allen mit Respekt und Wertschätzung begegnet. Wie ist er zu dem Menschen geworden, der er heute ist? Er hat in frühen Lebensjahren einen Schicksalsschlag hinnehmen müssen. Bei ihm wurde eine lebensbedrohliche Krankheit diagnostiziert. Er stand damals an einem Scheidepunkt, nämlich an der Schwelle zum Aufstieg in die höchsten Firmenebenen. In dieser Zeit lebte er nur für die Arbeit. Er war ein extrem kopfgesteuerter Mensch, der seine ganze Kraft in den Aufbau seiner Karriere gesteckt hatte. Genau in dieser Phase musste er der Diagnose wegen eine Vollbremsung machen: Harald L. wurde im entscheidenden Rennen um eine Position an der Spitze aus dem Verkehr gezogen. Er verbrachte ein gutes halbes Jahr im Krankenhaus. Als er als geheilt entlassen wurde, war er ein anderer, bewusster, nachdenklicher. Er hat in der Folge sein Leben komplett neu ausgerichtet und sich ganz bewusst für die Rolle an der Firmenspitze entschieden. Er hatte sich verändert, war kein Getriebener mehr, und dies ist bis heute so geblieben.

Den Verstand gebrauchen – Komplexität reduzieren

»Die richtigen Dinge tun« versus »Die Dinge richtig tun«: Effektivität versus Effizienz. Generationen von Betriebswirtschaftlern sind in dem Bewusstsein aufgewachsen, dass es einen größeren Unterschied im Verständnis dieser beiden Begriffe gibt, als es ihre Ähnlichkeit vermuten lässt. Die Unterscheidung geht zurück auf Peter F. Drucker, der 1963 in einem in der *Harvard Business Review* erschienenen Artikel erstmals darauf hinwies.[1] In Krisensituationen erhält Druckers Erkenntnis eine besondere Bedeutung.

Denn um zwischen mehreren Möglichkeiten die richtigen Entscheidungsalternativen herauszuarbeiten, benötigen Sie eine klare Vorgehensweise. Sie müssen die Lage analysieren, Komplexität reduzieren und Handlungsoptionen zusammenstellen. Bevor Sie sich auf eine Option festlegen und zur Tat schreiten, müssen Sie sicherstellen, dass Sie die richtige Wahl getroffen haben.

Das ist möglich, indem Sie kurz innehalten und nicht nur die Fakten, sondern auch Ihr Bauchgefühl berücksichtigen. Dazu gehört, Ihre Erfahrung einfließen zu lassen und kritisch zu hinterfragen, ob Sie während des Entscheidungsprozesses Denkfehler gemacht haben.

Der Begriff »Bauchgefühl« kommt nicht von ungefähr. Wir haben eine Art zweites Gehirn in unserer Körpermitte, das sogenannte Bauchhirn; im Darm laufen besonders viele Nervenenden zusammen. Eine bestimmte Region unseres Gehirns, der mittlere Präfrontalkortex, nimmt die aus dem Bauch kommenden Signale auf, die wir als Zusammenziehen im Fall von Abneigung oder freudiges Pochen wahrnehmen, wenn wir uns zu etwas hingezogen fühlen. Unser Bauch kann uns also tatsächlich dabei helfen zu erkennen, welche Alternative für uns die richtige ist.

Es ist sinnvoll, aufs Bauchgefühl zu hören und der eigenen Urteilsfindung zu misstrauen. Im Talmud steht: »Wir sehen die Dinge nicht, wie sie sind – wir sehen sie, wie wir sind.« Das ist genau das, was in einer Krise passiert. Die Krise ist von Komplexität und Überfluss an externen Reizen gekennzeichnet – mehr, als Sie als Manager verkraften können. Informationen sind meist vage, unzureichend und widersprüchlich. Die größte Herausforderung ist dabei nicht die Anzahl der Themen und ihre schnelle Abfolge. Das ist Ihnen sicherlich aufgrund des Tagesgeschäfts bestens vertraut. Vielmehr ist es die fehlende Eindeutigkeit sämtlicher Informationen, die in der Krise auf Sie einprasseln. In solch einem Moment tritt Ihre Persönlichkeit in den Vordergrund. Sprich: Wir alle handeln nicht mehr nach den objektiven Kriterien einer Situation, die wir sowieso nicht mehr überblicken können, sondern nach unserem »persönlichen Bezugsrahmen«[2]. Das heißt, wir legen uns auf eine Handlungsoption fest, die auf unserer eigenen Interpretation und den bislang gemachten Erfahrungen basiert. Bei Entscheidungen, die an und für sich »objektiv« sein sollten, kann das »nach hinten losgehen«.

KNOW-HOW FÜR DEN FÜHRUNGSALLTAG

Für eine von großer Unsicherheit, Ambivalenzen und Paradoxien gekennzeichneten Situation prägte der 1930 geborene Persönlichkeitspsychologe Walter Mischel den Begriff »schwache Situation«.[3] Die Annahme, dass Topmanager ausschließlich rational und objektiv entscheiden, ist ein Gerücht. Diese Erkenntnis geht zurück auf die sogenannte Strategic Leadership. Ihr zufolge werden die Ergebnisse einer Organisation direkt beeinflusst von den Werten und kognitiven Verzerrungen der Mächtigen. Bei Entscheidungen über Wohl und Weh eines Unternehmens spielen also auch deren Wahrnehmungsfehler und -filter während der Informationsverarbeitung mit hinein. Der Wissenschaftler Albert A. Cannella fasst dies wie folgt zusammen: »Wenn wir verstehen wollen, warum Organisationen die Dinge tun, die sie tun, und warum sie in der Art funktionieren, wie sie funktionieren, müssen wir die Erfahrungen, Werte, Motive und Neigungen der Topmanager verstehen.«[4] All das macht also die Musik, wenn Entscheidungen getroffen werden.

»Die richtigen Dinge tun« – die richtige Option identifizieren: Die Ausgangslage, um in Krisen »richtig« zu entscheiden, ist ernüchternd. Mussten Sie vorher noch nie mit einer ähnlichen Situation umgehen, können Sie das Ausmaß der Krise falsch beurteilen: Wenn Sie das aktuelle Bedrohungspotenzial ausschließlich aufgrund Ihrer bisher gemachten Erfahrungen bewerten, laufen Sie Gefahr, die Situation komplett falsch einzuschätzen. Sie vergleichen dann unter Umständen Äpfel mit Birnen und sind möglicherweise nicht mehr offen dafür, die Realität klar zu sehen. Die Folge: Sie wählen die falsche Lösung, vergleichbar dem berühmten Handwerker, der immer zum selben Werkzeug greift, weil er nur das eine hat.

Abhilfe schafft, den Entscheidungsprozess zu »objektivieren«, indem Sie die Auswahl möglicher Entscheidungen von Ihrer eigenen Person abkoppeln und diese kritisch hinterfragen.

»Die Dinge richtig tun« – von den infrage kommenden Möglichkeiten »die richtige« auswählen: Sie brauchen zwei Dinge, um Ihre favorisierte Entscheidung vor dem finalen »Go« noch einmal zu prüfen, nämlich einen »Ratio-Check« und Ihr »Bauchgefühl« – die sogenannte Intuition. Ersterer ist dazu da, Fallstricke im Denken ausfindig zu machen. Hilfreich sind dabei Erkenntnisse der Behavioral Economics, anhand derer Sie herausfinden können, inwiefern Ihre Entscheidungsfindung durch Abkürzungen im Denken beziehungsweise Wahrnehmungsverzerrungen sabotiert werden kann – Vorsicht Falle also.[5] Das letzte Wort vor der finalen Entscheidung sollte nicht Ihr Verstand haben, sondern Ihr Bauch, wie das folgende Beispiel zeigt.

FALLBEISPIEL

Wissen Sie auch immer, was richtig ist?

Ein Mitarbeiter eines IT-Dienstleisters hatte einen Fehler gemacht, als er eine ältere Office-Version auf die Rechner einzelner Kunden spielen wollte. An und für sich kein Problem, er hatte jedoch eine tausendfache Menge angegeben, im System also die Rechner sämtlicher Kunden ausgewählt, auf die das Programm zentral gesteuert aufgespielt wurde. Wie eine unaufhaltbare Lawine bahnte sich die alte Office-Version ihren Weg in die betreuten Kundenunternehmen. Auf mehreren Tausend Rechnern wurde die bestehende Office-Version zunächst deinstalliert – mit der Folge, dass zahllose Mitarbeiter nicht arbeiten konnten. Ihre Wut auf den Dienstleister kannte keine Grenzen, beim Vorstand des Unternehmens stand das Telefon nicht mehr still. Man beschwerte sich höchstpersönlich und forderte seinen Kopf.

In dieser Situation schlug die Stunde des Vorstandsvorsitzenden. Er ließ alles stehen und liegen und setzte sich eine Woche in die Abteilung, die den Fehler verursacht hatte. Direkt neben die Mitarbeiter, die mit Hochdruck an einer Lösung arbeiteten und denen, Zitat, »der Schweiß bächeweise die Achseln hinunterlief«. Der Vorstand ließ sich jeden Schritt zeigen, mit dem sie die Situation wieder bereinigen wollten. Alles war bereit, und es konnte losgehen. Der Vorstand stellte aber fest, dass mit dem geplanten Verfahren das Problem nicht in den Griff zu bekommen wäre. Er erzählt: »Ich weiß nicht, warum ich geahnt habe, wo der eigentliche Fehler lag. Es war ein Gefühl im ganzen Körper, irgendwie eine Unruhe, fast wie ein Kribbeln im Bauch, das mich nicht losließ. Etwas stimmte an dieser einen Stelle nicht, und ich musste herausfinden, was es war.« Man muss dafür wissen, dass der Vorstand einmal als Programmierer begonnen hatte. Obwohl er viele Jahre nicht mehr im operativen Geschäft gewesen war, hatte er doch noch ein gutes Gespür für das, worauf es ankam, was sich in einer Art Grummeln im Magen äußerte, als er die angepeilte Lösung genauer betrachtete und dann zu Recht dagegen entschied – das berühmte Bauchgefühl.

Ein prominenter Vertreter, dem ein vergleichbares Grundgefühl zugeschrieben wird, ist Bill Gates. Er ist dafür bekannt, dass er bis ans Ende seiner aktiven Zeit im Unternehmen gern als Zaungast an Treffen von Programmierern teilnahm. Auch noch Jahre nach seinem Ausscheiden legte er seinen Finger in die Wunden, wies auf Fehler im Programm hin. Selbst dann, wenn er einen Quellcode, an dem die Programmierer monatelang gearbeitet hatten, zum ersten Mal sah. Fachlich eine enorme Leistung, die zeigt, dass er ein echter Experte ist.

Der amerikanische Psychologe Daniel J. Siegel fasst zusammen, was es bewirken kann, die Intuition in die Entscheidungsfindung einzubeziehen: »... der Verstand, von dem man einst dachte, er basiere auf ›rein logischem Denken‹, [hängt] in Wahrheit von der nichtrationalen, intuitiven Verarbeitung von Informationen aus dem Körperinneren [ab]. Diese Intuition hilft uns, kluge Entscheidungen, anstelle von immer nur logischen, zu treffen.«[6]

Wie Sie das Richtige tun

Entscheidungen in Krisen zu treffen ist Chefsache. Wenn Ihnen für den Entscheidungsfindungsprozess selbst eine Struktur – und somit die nötige Sicherheit – fehlt, bietet es sich an, die Fakten systematisch aufzubereiten (oder aufbereiten zu lassen). Der Ansatz kann immer derselbe sein, eine Art »Schema F«, an dem Sie sich entlanghangeln. Gleichzeitig erschließt sich so das zu lösende Problem von Grund auf, wodurch es beherrschbarer erscheint. Wenden Sie folgende Systematik für Entscheidungsprozesse an:

Schritt 1: Fakten sammeln – eine Entscheidungsbasis schaffen
Tragen Sie alle Fakten aus der Vergangenheit zusammen, egal ob
zu Themen wie Mitarbeitern, Ausstattung, Infrastruktur, finanz-
technischen Auswirkungen. Beachten Sie, dass es um die reine
Darstellung geht, und bewerten Sie nicht. Bereiten Sie die Daten
so objektiv wie möglich auf. Ein Urteil zum jetzigen Zeitpunkt
kommt einer Vorverurteilung gleich und kann Ihre Entscheidungsbasis hinfällig machen.

Schritt 2: Ziele klären
Mit einer Entscheidung ist immer ein Ziel verbunden, gerade in
Krisen. Ziele sollten SMART formuliert werden: spezifisch, messbar, aktionsorientiert, realistisch, terminiert. Obwohl viele Manager das sehr wohl wissen, machen sie es sich im Krisenfall, wenn
Zeitdruck regiert, zu leicht. Machen Sie es besser. Der Faustregel
nach müssen alle Kriterien eines Ziels eindeutig sein, damit es
auch erreicht werden kann. Wenn möglich, sollte das Ziel in Zahlen ausgedrückt werden. Denken Sie zum Beispiel an den Punkt,
ab wann ein Turnaround geschafft ist (20 Prozent und mehr
Return on Investment in Jahr drei und vier danach).

Außerdem räumen viele Manager den einzelnen Zielen nicht
die nötige Priorität ein. Im Fall der Produkterpressung lautete das
oberste Ziel, die Öffentlichkeit so weit wie möglich herauszuhal-
ten, das zweitwichtigste Ziel war, die Produktionsabläufe trotz
der Störung stabil zu halten und so weiter. Entwickeln Sie also
eine klassische Zielhierarchie.

Schritt 3: Fakten zuordnen
Die jetzt folgende Aufgabe ist eine Fleißarbeit, nämlich sämtliche
Fakten auf ihre Eignung zur Zielerreichung hin zu bewerten.
Wenn nicht schon vorher geschehen: Mindestens an dieser Stelle
haben Sie die Chance, das zu lösende Problem noch einmal in
vollem Umfang zu durchdenken.

Schritt 4: Maßnahmen ableiten

Nun ist die Bahn frei für die Erarbeitung konkreter Maßnahmen. Diese gilt es zu ordnen, unabhängig davon, was sich in der Vergangenheit bewährt hat, was Ihnen am meisten liegt oder Ähnliches. Erstellen Sie eine Zeitachse, entlang derer Sie ausnahmslos alle anordnen, um Ihr Blickfeld nicht frühzeitig zu verengen. Viele Manager beschränken sich hier auf ihre Lieblingsmaßnahmen oder schauen zu weit in die Zukunft. Lassen Sie es zunächst bei einem kurz- und mittelfristigen Zeithorizont bewenden.

Schritt 5: Handlungsoptionen formulieren

Bündeln Sie nun Ihre Maßnahmen, was in der Krise dem Herausarbeiten verschiedener Handlungsmöglichkeiten entspricht. Listen Sie an dieser Stelle die jeweiligen Vor- und Nachteile ihrer Umsetzung auf und legen Sie ein einfaches Bewertungsschema an, das beispielsweise die Verteilung von Punkten beinhaltet.

Schritt 6: Entscheidung treffen

Sie haben alle Informationen zusammen. Jetzt heißt es, sich für die Option zu entscheiden, mit der die einzelnen Ziele am ehesten erreicht werden können.

Mit solch einer in sich logischen und lückenlosen Informationsaufbereitung sichern Sie sich und Ihre in der Krise getroffenen Entscheidungen ab. Deren Umsetzung ist allerdings nicht ganz unproblematisch.

Ihnen als Chef eines Unternehmens steht insbesondere beim Eintritt einer Krise wenig Zeit für Entscheidungen zur Verfügung. Die Ereignisse überschlagen sich, und Sie sind gezwungen, rational vorzugehen, und können sich oft gar nicht ausführlich mit einzelnen Themen beschäftigen: »Die Aufmerksamkeitsspanne eines Topmanagers gleicht der eines zweijährigen Kindes.«[7] Dies ist weniger mangelnder Bereitschaft, sich einer Sache in angemessenem Umfang zu widmen, geschuldet, sondern dem Pensum, das Sie als Manager zu leisten haben. Sie kommen schlichtweg nicht dazu. Denn anders ist der Spagat, den Sie als Topmanager im großen Unternehmen machen, nicht zu leisten. Auf eine, maximal zwei Seiten zusammengefasst, wird Ihnen das vorgelegt, was Sie zur Entscheidungsfindung wissen müssen. Das Vorgehen ist eine enorme Erleichterung und sinnvoll. Beispielsweise umfasst ein Vertrag mit einem wichtigen Großkunden, der von Justiziaren über viele Monate ausgearbeitet wurde, oft zweihundert bis dreihundert Seiten. So ein Machwerk können Sie unmöglich komplett lesen. Also fassen Mitarbeiter ihn für Sie zusammen, dampfen das Wichtigste auf ein bis zwei Seiten ein. Jeder Manager ist vollkommen frei darin, wie er die »ZDF« – Zahlen, Daten, Fakten – aufbereitet haben möchte, um entscheiden zu können.

FALLBEISPIEL

Was brauchen Sie, um zu entscheiden?

Patricia M., Vice President einer weltweit agierenden Beratungsgesellschaft, akzeptiert vorab aufbereitete Informationen nur dann, wenn das Ampelschema angewendet wurde. Die farblichen Hervorhebungen (Rot, Orange, Grün) helfen ihr, das in Zahlen ausgedrückte Risiko zu verstehen, dem etwa ein bestimmtes Geschäft unterliegt. Aufbereitungen, die diesem Muster nicht entsprechen, lässt sie umgehend zurückgehen und überarbeiten.

Was Ihnen im Tagesgeschäft helfen kann, mag in einer Krise zu fehlerhaften Entscheidungen führen. Von daher müssen die Informationen sehr sorgfältig erhoben werden und in dem Wissen zur Kenntnis genommen werden, dass deren Aufbereitung bereits Interpretationssache ist. Egal wie überzeugend eine Entscheidungsgrundlage aussehen mag: Sie wird von Menschen geschaffen, die eine Auswahl basierend auf ihrem Vorwissen getroffen haben. Für Sie als Manager heißt das, dass Sie sich nicht blind auf die vorgelegten Analysen verlassen dürfen. Sie können dem aber strategisch vorbeugen, indem Sie verstehen, worauf die Entscheidungsgrundlage fußt. Prüfen Sie, wer die Vorauswahl der Fakten getroffen hat, welches Vorwissen derjenige hat und ob Sie ihm vertrauen können. Idealerweise haben Sie bereits im Vorhinein geeignete Mitarbeiter ausgewählt, deren Urteilsvermögen Sie schätzen und deren Empfehlungen Sie guten Gewissens Folge leisten können.

Zudem sollten Sie die Fakten im Kontext betrachten. Wo kommen sie her, was wurde dabei berücksichtigt, was könnte vielleicht fehlen? Auch hierfür sollten Sie, wenn möglich, Ihren Mitarbeitern schon vorher einen Maßstab mitgegeben haben, wie und in welcher Tiefe Daten zu sammeln sind. Dazu benötigen Sie Vorkenntnisse: Kein Unternehmensleiter kommt um eine »Mindestfachlichkeit« im Thema herum.

KNOW-HOW FÜR DEN FÜHRUNGSALLTAG

Als Beraterin werde ich oft gefragt, ob ein Topmanager Branchenkenntnisse mitbringen muss, ob etwa jemand aus dem Maschinenbau weichenstellende Entscheidungen für ein Kosmetikunternehmen fällen kann.

Das lässt sich pauschal nicht beantworten, denn Unternehmen unterscheiden sich grundlegend je nach Branche und ihrer Reichweite, sprich: wo sie räumlich angesiedelt sind – in einer Region oder gar weltweit? Davon hängt die benötigte »Managementabdeckung« ab. Das heißt, ein Topmanager kann nur dann wirklich erfolgreich sein, wenn er seine Erfahrung in das Geschäft auch einbringen kann. Die Anforderungen an Vorstände von Banken und Versicherungen unterscheiden sich grundlegend von denen, die für Unternehmen im Gesundheitssektor oder für Automobilkonzerne gelten. Um in der Krise zu bestehen, sollte ein Topmanager mit der Branche und dem Radius des Unternehmens, sprich den Märkten, in denen die Firma vertreten ist, vertraut sein. Denn sonst kann er die ihm vorgelegten Fakten nicht einordnen. Viele Topmanager in Deutschland bringen das mit, weil sie in einer Branche und manchmal sogar im selben Unternehmen groß geworden sind. Prominente Beispiele sind Dieter Zetsche von der Daimler AG, der dort seine Ausbildung begonnen hat und es zum Vorstandsvorsitzenden gebracht hat, oder Philipp Welte von Burda, der aus der Medienbranche stammt. In der deutschen Wirtschaft spricht man sogar häufig vom »Fachidioten«.

Fach- und Branchenkenntnisse zahlen sich aus, wenn es zum nächsten Schritt im Entscheidungsprozess kommt: Die vorbereiteten Handlungsmöglichkeiten zu prüfen.

Sie müssen an dieser Stelle die Entscheidungsgrundlage insgesamt hinterfragen. Manche Topmanager haben eine Abneigung gegen vorgefertigte One Pager, und Sie? Wollen auch Sie stattdessen Fakten im Meeting aufgetischt bekommen und sich eine Meinung ad hoc bilden? Das ist sinnvoll, denn ob beim One Pager, bei einer Zusammenfassung unter Anwendung des Ampelschemas oder bei einer Präsentation eines Sachverhalts kommen Sie nicht umhin, sich persönlich mit den kritischen Punkten zu beschäftigen. Das heißt, dass Sie sich vor dem »Go« ausreichend Zeit nehmen und noch einmal sowohl Verdichtung als auch die gesamte Problemstellung hinterfragen sollten – um mit gutem Gefühl die »richtige« Entscheidung zu treffen.

Wie Sie die Dinge richtig tun

Egal wie logisch und stringent Sie bei der Entscheidungsfindung vorgehen – damit haben Sie immer nur die halbe Miete. Um die richtige Entscheidung zu fällen, sollten Sie zwei Dinge überprüfen:

Erstens: – »Ratio-Check«: Haben Sie Denkfehler gemacht? Haben Heuristiken oder Wahrnehmungsverzerrungen in Ihre Entscheidungsfindung hineingespielt? Oder haben Sie, vielleicht sogar unbewusst oder weil die Informationslage dürftig war, etwas angewendet, das ich gerne »Abkürzungen im Denken« nenne – nämlich Heuristiken? Gehen Sie sicher und überprüfen Sie es, bevor Sie sich endgültig festlegen.

Zweitens: Was sagt Ihr Bauchgefühl? Überlassen Sie das letzte Wort Ihrem Bauch – und nicht Ihrem Verstand.

»Ratio-Check« – Denkfehler erkennen: Lesen Sie morgens gerne Zeitung? Nehmen wir an, Sie haben heute früh die *Frankfurter Allgemeine Zeitung* (oder *Die Welt* oder die *Süddeutsche Zeitung*) aufgeschlagen und sich bei einer Tasse Kaffee einen längeren Artikel zur aktuellen Inflationsrate in Deutschland im Vergleich zu denen im Ausland zu Gemüte geführt. Sie genießen die Ruhe, denn Sie wissen, dass der Tag anstrengend wird, und gönnen sich den Luxus, sich voll auf den Bericht zu konzentrieren – und auf die Zahlen, die darin miteinander verglichen werden.

Anschließend gehen Sie zur Arbeit. Es ist wie befürchtet ein stressiger Tag, das Mittagessen fällt aus. Am späteren Nachmittag sitzen Sie in einer Führungsrunde mit anderen Managern zusammen und diskutieren den Umsatz des letzten Geschäftsjahres. Es geht darum, sich gemeinsam auf ein Umsatzziel fürs nächste Jahr festzulegen. Ein ganz normaler Vorgang. Sie geben Ihre Einschätzung ab, wobei Sie davon ausgehen, völlig objektiv zu sein. Können Sie sich vorstellen, dass die morgendliche Lektüre, die Sie gedanklich längst ad acta gelegt haben, über das von Ihnen angenommene Umsatzziel entscheidet? Nein? Sie liegen möglicherweise falsch, wie die Erkenntnisse der Behavioral Economics nahelegen.[8] Die Art und Weise, wie Sie zuvor Gelesenes aufgenommen haben, beeinflusst Sie bei der Beurteilung oder Festlegung quantitativer Größen, selbst wenn Erstere einem Bereich zuzuordnen sind, der mit der aktuellen Fragestellung nicht in

Zusammenhang steht. Die Wissenschaft spricht hier von einer Ankerheuristik, was nichts anderes heißt, als dass Sie (unbewusst) von einem unabhängigen Start- oder eben Ankerwert ausgehen, wenn Sie eine Ihnen fremde Zahlengröße einschätzen wollen.

Heuristiken zur Entscheidungsfindung einzusetzen, wenn Informationen unzureichend sind und die Zeit knapp ist, ist erst einmal nicht ungewöhnlich. Wir greifen im Alltag gerne darauf zurück. So wenden die meisten von uns Faustregeln an. Es handelt sich dabei um Urteilsheuristiken, die uns erlauben, eine Entscheidung über einen Sachverhalt zu treffen, auch wenn er neu ist. Die Redewendung »Pi mal Daumen« kennen Sie sicher. Wir verwenden sie, wenn wir etwas nur grob abschätzen können oder es zu lange dauern würde oder zu kompliziert wäre, es exakt zu ermitteln oder zu erklären. Auch Topmanager bedienen sich ihrer gern, etwa der 80-20-Regel (Pareto-Regel), wenn es um die Erklärung von Ursache-Wirkungs-Beziehungen geht: 20 Prozent aller Produktionsmittel verursachen 80 Prozent der Gesamtkosten.

Wir nutzen im Alltag noch weitere Formen von Heuristiken. Beispielsweise halten wir etwas für wahr, nur weil wir es oft genug erfahren haben: Im Fall der sogenannten Repräsentativitätsheuristik schließen wir aus einer häufig gemachten Erfahrung, dass es immer so ist. Bezogen auf Entscheidungen im unternehmerischen Alltag heißt das, dass wir uns an Situationen der Vergangenheit erinnern und dementsprechend handeln. Die Repräsentativitätsheuristik wendet man oft zusammen mit einer Verfügbarkeitsheuristik an, wobei wir zuerst auf leicht abrufbare Informationen zurückgreifen. Dabei kommt es uns nicht darauf an, dass neue und alte Situationen einander ähneln, sondern vielmehr, ob die Erinnerung an Letztere noch frisch ist, weil sie noch nicht lange zurückliegt, beziehungsweise ob Sie Situationen wie die erinnerte in der Vergangenheit häufiger erlebt haben. Denn je öfter Sie eine Erfahrung gemacht haben, umso ausgetretener ist der entsprechende Pfad in Ihrem Gedächtnis. Der Rückgriff auf das »alte Muster« erfolgt dann fast automatisch, je mehr Sie unter Druck geraten.

Ein sehr drastisches Beispiel für eingespielte Verhaltensabläufe führt der Psychologe Mihály Csíkszentmihalyi an[9]. Ein Soldat nahm an einer Fallschirmübung seiner Einheit teil. Bei seinem Absprung waren nicht ausreichend Fallschirme für Rechtshänder an Bord des Flugzeugs, woraufhin er ein Exemplar für Linkshänder bekam. Alle funktionierten gleich – mit dem Unterschied, dass die Reißleine auf unterschiedlichen Seiten hing. Der Fallschirm war völlig intakt, und der Soldat wurde explizit auf das veränderte Detail hingewiesen, zudem war er ein erfahrener Fallschirmspringer. Können Sie sich denken, was dann passierte? Der Soldat sprang – direkt in den Tod, weil er es in der sprungbedingten Stresssituation nicht schaffte, die Reißleine an der für ihn ungewohnten linken Seite zu ziehen. Bei der späteren Untersuchung fand man rechts vom Gurt Spuren seiner verzweifelten Bemühungen, an einer dort nicht vorhandenen Leine zu reißen, um den Fallschirm auszulösen.[10]

Auch wenn es für Sie als Manager in einer Krise nicht um Leben oder Tod geht, so ist der Druck, der auf Ihnen lastet, immens. Es besteht die Gefahr, dass Ihr Gehirn in einen Notfallmodus versetzt wird und Ihr Stresspegel in den roten Bereich steigt. Damit ist die Bahn frei für Automatismen, die vor Urzeiten angelegt wurden, um das Überleben unserer Spezies zu sichern. In dieser Verfassung überlegt handeln? Von wegen. Viel häufiger reagieren wir in Stresssituationen über und schießen mit den berühmten Kanonen auf Spatzen. Ebenso wenig nehmen wir uns die Zeit, die wir für das Treffen anstehender Entscheidungen brauchen. Wir springen vorschnell auf einen Zug auf und legen uns frühzeitig auf eine Lösung fest, selbst wenn wir das Problem noch gar nicht durchdrungen haben. Sind Heuristiken für die Anwendung in Krisen geeignet? Krisen sind komplexe Entscheidungssituationen. Können Sie Heuristiken nutzen, um die Komplexität zu reduzieren? Bieten sie sich als »Abkürzung« an, um sich für die »richtige« Option zu entscheiden? Die Antwort ist eindeutig Nein. Der Einsatz von Heuristiken kann sogar gefährlich sein. Denn was im Alltag funktionieren kann, kann in der Krise fatal sein.

Dagegen spricht in erster Linie, dass eine Krisensituation immer ein Konglomerat aus verschiedenen Ursachen und Wirkungen ist, die sich gegenseitig verstärken (Stichwort »die Krise lebt«). Sie ist alles andere als eine Standardsituation und in der Regel mit früheren Erfahrungen nicht direkt vergleichbar.

Hinzu kommt das Risk-Return-Paradoxon von Krisenunternehmen. Krisen sind für Topmanager unangenehm – die Anspannung, unter der Führungskräfte stehen, wird in der Wirtschaft als kognitive Dissonanz bezeichnet. Die meisten von uns halten Anspannung nur schwer aus, weswegen sie diesen Zustand so schnell wie möglich verlassen wollen. Manager handeln in als schwierig empfundenen Situationen also nach dem Motto »Augen zu und durch«. Dem einzelnen Manager ist fast alles recht und dadurch ist er in Krisen viel eher bereit, Risiken einzugehen, als im unternehmerischen Alltag. Motto: Es wird schon irgendwie funktionieren. Setzt er in dem Zusammenhang Verfügbarkeits- oder Repräsentativitätsheuristiken ein, kann das ein Unternehmen direkt in den Abgrund katapultieren, weil er neue Informationen gar nicht mehr aufnimmt, wenn sie bereits vorhandenen oder schon verarbeiteten Informationen widersprechen. Dieser Effekt wird Confirmation Bias genannt. Er äußert sich beispielsweise darin, dass der Manager gezielt nach Informationen sucht, die das Sanierungskonzept stützen. Widersprechende Informationen lässt er links liegen.

Informationen werden zudem ausblendet, wenn bereits viel Geld geflossen ist, Zeit investiert wurde oder sonstiger Aufwand für eine Lösungsstrategie entstanden ist. Ich selber habe einmal ein mehrjähriges Projekt bei einem Kunden begleitet, in das ein dreistelliger Millionenbetrag investiert worden war. Irgendwann war klar, dass es nicht erfolgreich abgeschlossen werden konnte. Trotzdem dauerte es noch fast ein Jahr, bis das Management das Projekt stoppte. Der entstandene Schaden war weitaus größer, als es vorher der Fall gewesen wäre. In der Wirtschaft spricht man vom Sunk Cost Effect. Er tritt ein, wenn ein Manager sich scheut, einen einmal eingeschlagenen Weg zu verlassen, weil er die bisher angefallenen Kosten oder den entstandenen Aufwand zu stark gewichtet.

Auch Urteilsheuristiken können gefährlich werden, nämlich dann, wenn ein Manager seine Fähigkeiten zur Krisenbewältigung überschätzt. Wir sprechen vom Overconfidence Effect. Ein Manager gibt sich dann einem trügerischen Gefühl von Sicherheit hin, das in der Realität durch nichts begründet ist (»Das werde ich schon irgendwie hinkriegen«). Wendet er jetzt auch noch Urteilsheuristiken an, gelangt er zu einer deutlich zu positiven Einschätzung der Situation. Diese Gefahr verstärkt sich durch die selektive Informationswahrnehmung des Managers.

Topmanager tendieren in der Krise dazu, »betriebsblind« zu sein. Sie treffen wichtige Entscheidungen entweder zu spät oder nur halbherzig. Sie berücksichtigen den gesamten Kontext nicht ausreichend. Oder sie handeln von außen gesehen irrational, wofür es verschiedene Ursachen gibt.

Ursache 1, ihre Vorgeschichte: Gerade Menschenfresser umgeben sich mit Jasagern, die sie in allem, was sie tun, bestärken. Keiner in ihrem Umfeld wagt dann noch, ihr Handeln zu hinterfragen oder »die Wahrheit« zu sagen. Dadurch verfestigen sich beim Manager wenig zielführende Entscheidungsmuster – er hat bis dahin ja nur Bestätigung erfahren.

Ursache 2: Manager verharmlosen eine Situation bewusst oder unbewusst, und sie beurteilen eine Situation falsch.

Ursache 3: Die Wahrnehmung von Managern ist leicht auszuhebeln. Wie leicht, zeigt ein berühmtes Experiment. Viele kennen es theoretisch, es ist aber etwas ganz anderes, es einmal persönlich erlebt zu haben. Auf YouTube ist ein Test verfügbar unter dem Stichwort »Test your Awareness«. Wenn Sie ihn selbst machen möchten und noch nicht kennen, decken Sie am besten die hier folgende Erklärung zu und schauen das Video an: Sie werden aufgefordert, über ein oder zwei Minuten lang die Pässe der Basketballmannschaft im weißen Trikot zu zählen (die Spieler des gegnerischen Teams sind schwarz gekleidet).

Ihr Gehirn ist damit so ausgelastet, dass Sie vermutlich auch nicht den verkleideten Menschen im Tierkostüm sehen werden, der kurzzeitig durchs Bild läuft. Ich habe dieses Experiment häufig mit Seminarteilnehmern gemacht, und die wenigsten nehmen ihn wahr.

Der Effekt, der im Filmchen wirksam wird, ist unsere selektive Wahrnehmung. Was im Gorilla-Beispiel noch ein echter Spaß ist, wird in Krisen gefährlich. Ein Manager mit Wahrnehmungsverzerrungen oder einer gefilterten Wahrnehmung erkennt Krisenverläufe erst gar nicht in deren voller Tragweite. Er scheitert also bereits an der Eingangshürde, bei der es festzustellen gilt: Ist die Krise überhaupt bedrohlich? Was ein Mensch nicht ernst nimmt, bekämpft er auch nicht angemessen.

Ob ein Manager eine Krise beziehungsweise deren Tragweite erkennt, hängt von dem ab, was er an Informationen wahrnimmt. Erstens: Welchem Ausschnitt der Wirklichkeit widmet er seine Aufmerksamkeit? Im unternehmerischen Alltag ist er mit weit mehr Informationen konfrontiert, als er verarbeiten kann, sodass er nur einen Teil wahrnimmt und unbewusst eine erste Auswahl trifft. Vieles dringt damit gar nicht erst zu ihm vor. Zweitens: Aus den registrierten Informationen wählt er – mehr oder weniger bewusst – erneut aus. Der verbliebene Rest wird dann ein weiteres Mal gefiltert.

Man kann sich die Informationsverarbeitung eines Managers in der Krise wie einen riesigen dreistufigen Filter vorstellen. Nur noch ein Bruchteil dessen, was eine Krise objektiv ausmacht, kommt tatsächlich bei ihm an. Dieser Zusammenhang wird im bereits genannten Forschungszweig der Strategic Leadership untersucht, der sich mit dem Handeln von Topmanagern beschäftigt.

Das Denken des Managers und seine persönlichen Einstellungen bilden eine Trennwand zwischen ihm und der Situation, die sein Handeln erfordert. Es ist ein »beinahe geschlossener« Kreislauf: Der Manager nimmt immer nur einen bestimmten Ausschnitt der Wirklichkeit durch seine Filter wahr, diese selektive Wahrnehmung verfestigt sich in der nächsten Krise. Er verschließt sich also für abweichende Informationen – und wird so betriebsblind. Die einmal gewählte Lösungsstrategie wird in seinem Gehirn verankert, und zwar umso stärker, je häufiger er sie anwendet.[11] Denkmuster werden zur Gewohnheit – »Das Denken verhärtet sich«, sagen die Tibeter.

Um eine Krise wirksam zu bekämpfen, bedarf es der Offenheit und eines »frischen Denkens«. Wie kommen Sie dahin? Es gibt zwei Strategien: Sie können Ihre selektive Wahrnehmung und festgefahrene Denkmuster überwinden, indem Sie diese erkennen und sich bewusst machen. In den Behavioral Economics wird dieser Vorgang Debiasing genannt.[12] Sprich: Im Kern geht es immer um das Gleiche. Beobachten Sie aufmerksam Ihre inneren Zustände und arbeiten Sie mit negativen Emotionen, bevor Sie ihnen nachgeben und sie sozusagen in schädliches Verhalten ummünzen.

Reflektieren Sie das, was Sie denken, regelmäßig. Es sollte zum festen Bestandteil Ihrer Arbeit werden. Bob Garratt, Professor an der Cass Business School und der City University in London, empfiehlt Topmanagern, Zeit für »Mega Thinking«[13] einzuplanen: Momente, in denen Manager ihr Tagesgeschäft ruhen lassen, sich ausklinken und das eigene Verhalten strategisch unter die Lupe nehmen.

Dabei helfen Ihnen zwei Kompetenzen, die Daniel Goleman, in seinem Bestseller *Emotionale Intelligenz* beschreibt.[14] Wichtigste Voraussetzung ist eine solide Fähigkeit zur Selbstwahrnehmung. Sie versetzt Sie in die Lage, eigene Gefühle zu beobachten: wie ein

Gefühl in Ihnen aufkeimt; es zu benennen, ohne sich davon überwältigen zu lassen; es einzuordnen und Ihre eigene Stimmung als Reaktion auf das Gefühl abzuleiten.

Erinnern Sie sich an den oben geschilderten Fall des jüngsten von drei Geschäftsführern, Daniel S., der mehrfach »ganz plötzlich« in unkontrollierte Wutausbrüche verfallen ist? Vorher wirkte er völlig ruhig und entspannt, bis es wie aus heiterem Himmel aus ihm herausbrach und er seinen Geschäftspartner vor den Kopf stieß. Er nahm sich und das, was in ihm vorging, nicht ausreichend wahr. Sich der eigenen Stimmung bewusst zu sein, sie einzuschätzen und damit aktiv zu arbeiten, hätte ihn in die Lage versetzt, Handlungsoptionen abzuwägen. Er hätte mögliche Auswirkungen seiner Ausbrüche auf seine Kollegen mit kühlem Kopf analysiert und so vermieden. Das heißt, eine gut entwickelte Selbstwahrnehmung ist Voraussetzung für die zweite von Goleman genannte Kompetenz, die Selbstregulation. Sie erlaubt Ihnen, sich selbst zu kontrollieren und sich immer wieder neu an die äußeren Gegebenheiten anzupassen.

Daniel S. war es »gewohnt«, seinen Emotionen freien Lauf zu lassen. Dasselbe lässt sich auch über unser Denken sagen. Wir gewöhnen uns schneller an etwas, als wir es uns vorstellen können, um die Realität für uns beherrschbar zu machen. Sie können dem nur entgegenwirken, wenn Sie Ihren Geist regelmäßig trainieren, eingebrannte Muster aufgeben oder verändern. Dabei hilft Ihnen ein Phänomen, das Neuroplastizität genannt wird: Sie können die neuronale Vernetzung in Ihrem Gehirn beeinflussen, indem Sie Denkgewohnheiten, die Ihr Handeln ungünstig bestimmen, aufgeben. Mut macht uns dabei Gerald Hüther. Der renommierte Neurowissenschaftler sieht Krisensituationen sogar als eine besondere Chance dafür, Verhärtungen im Denken aufzubrechen.[15]

Wie stellen Sie unliebsame Gewohnheiten ab?

Einem Seminarteilnehmer, Geschäftsführer eines Internethandels, ist es gelungen, unerwünschten Gewohnheiten durch regelmäßiges Üben Herr zu werden. Er war von Haus aus ein cholerischer Typ, fuhr oft ungerechtfertigt aus der Haut. Nach unseren Seminaren stellte er sich selber ein tägliches Trainingsprogramm zusammen: Über Monate hinweg stand er unter der Woche früher auf. Eine Viertelstunde lang verschaffte er sich vor seinem inneren Auge einen Überblick darüber, was am jeweiligen Tag anstand. Dann stellte er sich vor, wie er ruhig und selbstsicher eine Aufgabe nach der anderen angeht und sich von der Grundunruhe des Tagesgeschäfts und den damit einhergehenden unvorhersehbaren Abweichungen nicht aus der Fassung bringen lässt. Eine simple Übung, die schon bald Früchte trug. Einmal reiste der Geschäftsführer nach Übersee und wurde mitten in der Nacht von einem deutschen Geschäftspartner angerufen, der ihn vor einer wirtschaftlichen Schwierigkeit warnen wollte. Anstatt wie früher ungehalten auf die Störung zu reagieren und aus der Haut zu fahren, hielt er kurz inne. Dabei merkte er, wie die altvertraute Wut wie ein Kribbeln im Nacken hochstieg. Er rief sich seinen morgendlichen Vorsatz in Erinnerung, blieb ruhig und bat den Partner, sich auf später zu vertagen. Während er innegehalten hatte, war ihm klar geworden, warum er beinahe wütend geworden wäre: Er brauchte nach einem anstrengenden Flug Schlaf, und er war frustriert, die wichtige Nachricht in angeschlagenem Zustand nicht mit kühlem Kopf verarbeiten zu können.

Die tägliche Übung hatte es dem Geschäftsführer ermöglicht, in Kontakt mit sich selbst zu kommen, im entscheidenden Moment zu spüren, was er brauchte und zu einer guten Lösung führen würde – eine gute Verfassung durch ausreichend Schlaf statt einer unkontrollierten Sofortreaktion.

So wie Sie Ihre Muskeln trainieren, können Sie auch Ihre grauen Zellen trainieren. Statt der Geräte beim Krafttraining benötigen Sie kleine Übungseinheiten, die für Sie stimmig sein müssen. Als Erstes gilt es zu erkennen, was Sie im Tagesgeschäft beeinträchtigt. Führen Sie sich in ungestörten Augenblicken vor Augen, was es ist, und spüren Sie nach, was es im Körper auslöst. Anschließend überlegen Sie, wie Sie sich zukünftig verhalten können. Finden Sie auch dabei heraus, wie es sich körperlich anfühlt. Es ist zunächst nicht einfach, sich vom Kopf in den Körper zu begeben, aber nach einiger Zeit klappt es immer besser. Die tägliche Dosis »Gehirnhygiene« sollte für Sie zum Pflichtprogramm werden.

FALLBEISPIEL

Haben Sie schon mal »mentales Gewichtheben« versucht?

Sportler ziehen sich vor großen Wettkämpf zurück und gehen die Stationen ihres Parcours im Kopf durch, um später ihre Bewegungen mit umso größerer Sicherheit auszuführen. Fußballtrainer bereiten ihr Team auf das große Spiel vor, indem sie Videoaufnahmen des Gegners Spielzug für Spielzug unter die Lupe nehmen und Schwachstellen analysieren. Die Mannschaft kennt am großen Tag der Begegnung die auf das andere Team zugeschnittene Strategie, Abläufe für sämtliche Eventualitäten hat sie sich eingeprägt.

Auch viele hoch bezahlte Redner überlassen nichts dem Zufall: Was auf der Bühne so spontan wirkt, ist in Wirklichkeit das Ergebnis harter Arbeit. Vom Comedian Michael Mittermaier beispielsweise ist bekannt, dass er jeden seiner Auftritte aufzeichnet. Er improvisiert gern, und die Wiedergabe seiner Performance hilft ihm, alles noch einmal Revue passieren zu lassen und daraus das Neue, Ungeplante in der nächsten Bühnenshow zu verwenden, um ausgehend davon zu improvisieren. Auch in der Medizin wird die Vorstellungskraft genutzt: Ärzte fordern Herzpatienten auf, sich ihre erfolgreiche Genesung nach der Operation vorzustellen.

»Wer nicht ins Wasser geht, kann auch nicht schwimmen lernen«, besagt ein Sprichwort, will sagen: Die meisten Manager, die in meine Seminare kommen, sind sich der Vorzüge geistigen Trainings und guter Vorbereitung sehr genau bewusst. Sie setzen dieses Wissen aber nicht in die Praxis um – und vergeben dabei leichtfertig die Chance, sich für eine Krise zu wappnen und in brenzligen Situationen ruhig zu bleiben.

Es geht immer um das Gleiche: Wie können Sie Ihr Wahrnehmungsfeld erweitern, sodass mehr Informationen ungefiltert in Ihr Bewusstsein dringen? In meinen Seminaren nutze ich kleine Übungseinheiten aus dem Bereich Schauspiel und Improtheater, um die Wahrnehmung der Teilnehmer zu schulen. Wenn Sie es ebenfalls ausprobieren wollen, Schauspielschulen bieten solche Kurse an. Eine sinnvolle Alternative ist das weitverbreitete Improtheater. Die wichtigste Voraussetzung für Sie, wenn Sie Denkfehlern ein Schnäppchen schlagen wollen: Bleiben Sie offen.

Mit Bauchgefühl entscheiden: Es ist so eine Sache mit dem Bauchgefühl. Haben Sie es schon einmal gespürt? Ich habe gelernt, der inneren Stimme zu vertrauen – sie ist intelligenter als unser Verstand.

Das Beispiel meiner Beraterkollegin Viktoria R. zeigt, worum es geht. Vor einigen Jahren wechselte sie den Arbeitgeber. Alles hatte dafür gesprochen: Sie war von einem Headhunter angeworben worden, und das Gehalt stimmte. Bis zur Einstellung hatte sie nicht weniger als acht (!) Gespräche direkt in der neuen Firma oder als Telefoninterviews durchlaufen. An ihrem ersten Arbeitstag wollte ihr neuer Chef sie persönlich mit ihren künftigen Aufgaben vertraut machen. Er war hierzu extra aus den USA angereist.

Viktoria R. war etwas zu früh gekommen und setzte sich in der morgendlichen Stille auf eine Bank im nahe gelegenen Park. Es war sonnig, ein schöner Frühlingstag. Da passierte es: Ihr Bauch »warnte« sie, ein deutliches, nicht zu ignorierendes Gefühl.

Viktoria R. erzählte mir später, wie überrascht sie gewesen war von ihrer intuitiven Erkenntnis, den falschen Weg eingeschlagen zu haben; eigentlich wollte sie etwas ganz anderes.

Die Geschichte nahm kein gutes Ende. Viktoria R. ignorierte ihre Intuition und blieb sogar sieben Jahre in dieser Firma. In der Rückschau weiß sie, dass »die Stimme aus dem Bauch« recht hatte. Es war nicht »ihre« Firmenkultur, in der sie sich wohlfühlen konnte; und ihre persönlichen Werte passten nicht zu denen des Unternehmens. Wie aber konnte das »Bauchgefühl« all dies, was ihr erst Jahre später offenkundig wurde, schon vor dem Arbeitsantritt vorwegnehmen? Wieso hatte sie damals eine – wie Viktoria R. heute weiß – unfehlbare Gewissheit von dem, was richtig für sie war, und wieso hatte sie diese damals sehenden Auges ignoriert?

Intuition ist einer der wichtigsten Faktoren für Sie als Manager, wenn Sie sich bei komplexen Problemen für eine Lösung entscheiden müssen. Selbst Experten sind nicht davor gefeit, Fehler zu machen – obwohl sie Strategien kennen, wie sie Entscheidungen logisch absichern können. Zu »klugen« Entscheidungen im Sinne von Daniel J. Siegel kommen Sie nur, wenn Sie Ihr Bauchgefühl einbeziehen, was in den Augen vieler Manager in Krisen- und Entscheidungssituationen nicht rational ist. Hat Alexander Dibelius, seit Dezember 2004 Chef des Investment-Banking-Hauses Goldman Sachs für Deutschland, Österreich, Russland und Zentral- und Osteuropa, das erkannt, als er feststellte »... Entscheidungen [lassen sich] nicht immer nur deduktiv und strukturiert treffen, sondern [können auch] aus einer chaotischen Vielschichtigkeit heraus entstehen; und diese Entscheidungen sind nicht notwendigerweise schlechter«?[16] Viktoria Rs Beispiel jedenfalls zeigt deutlich: Sie hatte in ihrem Berufsleben zuvor Erfahrungen gemacht, die sich in ihrem Hirn und in »ihrem Bauch« festgesetzt hatten. Vor Antritt des neuen Jobs, als sie in der morgendlichen Stille des Parks zur Ruhe kam, wurden genau diese Erfahrungen wachgerufen – ohne dass es ihr bewusst war.

Was muss der Manager also zusammenbringen? Intuition und Bauchgefühl, das heißt die rechte Gehirnhälfte dominieren lassen. Bei vielen Managern dominiert die linke Gehirnhälfte, zuständig für rationales Denken und Ordnung. Sie arbeitet linear, nutzt Logik, setzt dabei auf Klassifikationen, welche die Sprache bietet, und unterteilt die Wirklichkeit eindeutig in »wahr« oder »falsch«. Ich habe nie mehr einen Vertreter getroffen, der so stark »linkshirnig« ausgerichtet war wie Martin E. im folgenden Fallbeispiel.

FALLBEISPIEL

Sind Sie ein Verstandesmensch?

Noch heute bewundere ich Martin E. für seine Zielstrebigkeit, die selbst für einen CFO außergewöhnlich ist: Mit gut Mitte dreißig wurde Martin E. Finanzvorstand einer großen Unternehmensgruppe und war somit einer der jüngsten CFOs in seiner Branche. Schon als Strategieberater hatte er genau gewusst, wo er hinwollte, und promovierte berufsbegleitend in einem auf sein angestrebtes Tätigkeitsfeld abgestimmten Themenbereich. Struktur und Effizienz zeichneten seinen Arbeitstag aus. Beim Kunden war er um 6.30 Uhr und war immer der Berater, der am längsten blieb. Probleme ging er überlegt an.

Umgekehrt fehlte ihm »das Händchen« im Umgang mit Menschen. In seiner Zeit als Berater kam es vor, dass er sich mit Kollegen ein Taxi zum Hotel teilte. Während einer von ihnen zahlte, war Martin E. ohne ein Wort des Abschieds schon ausgestiegen und im Fahrstuhl auf dem Weg nach oben in sein Zimmer. Verabschiedet hatte er sich nicht. Details aus seinem Privatleben klangen beunruhigend: Er ging eine Vernunftehe ein, obwohl er eigentlich in eine andere Frau verliebt war. Die passte aber nicht zu seinem Lebensentwurf, sie war älter als er und Künstlerin. Am Tag der Hochzeit betrank er sich gnadenlos. Während seiner weiteren Karriere als Vorstand lief es nicht mehr so ganz rund für ihn, sodass seine glanzvolle Fassade über die Jahre Risse bekam. Bei Personalentscheidungen besetzte er Positionen mit engen Vertrauten, über die Mitarbeiter nur die Köpfe schüttelten und hinter vorgehaltener Hand tuschelten, wie er nur auf solche Blender habe hereinfallen können. Entsprechend kurz verweilten sie im Amt. Und als die Fusion mit einem anderen, kleineren Unternehmen ins Haus stand, bekleckerte sich Martin E. nicht mit Ruhm, im Gegenteil. Bei vielen seiner Entscheidungen war er alles andere als sensibel, insbesondere wenn es darauf ankam, den kleineren Fusionspartner nicht zu verprellen. Martin E. ließ jegliches Feingefühl für dessen Befindlichkeiten vermissen, die deutlich erkennbar waren: Das kleine Unternehmen wollte nicht mit Haut und Haaren vom übermächtigen Partner geschluckt werden.

Das Beispiel zeigt, wie wichtig es ist, sich nicht nur von der Ratio leiten zu lassen, sondern auf die eigenen Bedürfnisse zu hören, sie sich bewusst zu machen und dadurch ein Gefühl für die Bedürfnisse anderer entwickeln zu können.

Was war bei Martin E. los? Forscher wie der bereits zitierte Daniel J. Siegel, Peter A. Levine oder der portugiesische Neurowissenschaftler António Damásio geben hierfür Erklärungen.[17]

Demnach lassen uns die linke und die rechte Gehirnhälfte die Realität auf unterschiedliche Art und Weise wahrnehmen, woraus sich verschiedene Kommunikationsstrategien ergeben. Menschen, bei denen die linke Seite das Denken, Fühlen und Handeln dominiert, legen weniger Wert auf emotionale Verbundenheit mit anderen. Sie lassen sich von Logik leiten beziehungsweise beruflich oder privat engagieren sie sich in Bereichen, die den Intellekt ansprechen. Ihre Ausdrucksweise ist nüchtern, über Gefühle zu reden ist nicht ihre Sache. Auf ihre Lebensgeschichte hin angesprochen, beschränken sie sich häufig auf die Fakten.[18] Insgesamt argumentieren sie logisch-stringent und beurteilen Beziehungen und zwischenmenschliche Interaktion nach Ursache und Wirkung. Ich habe einen Bekannten, der andere damit zur Weißglut treiben kann, besonders in Konfliktsituationen.

Selbst dann argumentiert er ausschließlich sachlich, auch wenn allen anderen klar ist, dass es um ein Problem im Umgang miteinander geht.

Gerade in Managementteams, wo alle am selben Strang ziehen müssen, um die Firma voranzutreiben, kann es die Zusammenarbeit stören, wenn sie nicht dieselbe Sprache sprechen. Ihre Dialoge muten dann manchmal absurd an. Ein Beispiel: Ein am Zwischenmenschlichen orientierter Geschäftspartner sagt:»Ich bin wütend, weil du mich immer so abkanzelst«, woraufhin ein durch und durch rationaler Partner wie Martin E. erwidert:»Ich sehe das Problem nicht. Hier sind die Fakten. Was willst du also?« Ersterer schweigt, weil er seine Sicht des Problems nicht mit Fakten unterfüttern kann. Für sein Gegenüber ist das Gespräch damit erledigt, während sich der andere Verständnis für seine Position erhofft hatte. Sein Ärger, nicht gehört worden zu sein, wirkt sich auf die weitere Zusammenarbeit wie Sand im Getriebe aus.

Menschen, bei denen die rechte Gehirnhälfte dominiert, fällt es nicht schwer, direkt und bildhaft zu beschreiben, wie es ihnen geht. Das liegt daran, dass diese direkt mit dem Hirnstamm und dem limbischen System verbunden ist, also ein direkter Zugang zu Körperempfindungen besteht. Dementsprechend leicht fällt es ihnen, nonverbale Signale anderer zu empfangen.

Wenn Sie authentisch führen und gute Entscheidungen treffen wollen, müssen Sie beides nutzen. Meiner Erfahrung nach sind die meisten Manager aufgrund ihres Naturells prädestiniert, logisch und strukturiert vorzugehen, und darin geübt, strategisch zu entscheiden. All das haben sie während ihrer Ausbildung und im Laufe ihrer Karriere zum Topmanager perfektioniert. Das Bauchgefühl haben sie dabei vernachlässigt.

Üben Sie an kleineren Entscheidungen im Alltag, wie sich Ihr Bauchgefühl konkret äußert. So kann es irgendwann auch bei Entscheidungen von größerer Tragweite einfließen.

Körper und Geist, sprich Denken, gehören eng zusammen. Und unser Bauchgefühl äußert sich immer in einer körperlichen

Reaktion darauf, wie wir einen Sachverhalt bewerten. Das ist bei jedem anders. Bei dem einen ist es ein Ziehen in der Bauchgegend, beim anderen ein unbehagliches Kribbeln im Nacken, wenn etwas nicht stimmt. Umgekehrt kann sich ein Gefühl von Wärme in der Magengegend bemerkbar machen, wenn uns etwas besondere Freude bereitet. Werden Sie für diese kleinen, oft nur unterschwellig vorhandenen Körpersignale empfänglich, indem Sie sie zuallererst überhaupt bemerken und dann im zweiten Schritt richtig deuten.

Sie können trainieren, Ihre Körpersignale immer besser wahrzunehmen. In meinen Seminaren nutze ich kleine Visualisierungsübungen. Meine Teilnehmer schließen ihre Augen und stellen sich ihre Körperteile erst einzeln, dann alle gleichzeitig vor. Wenn Sie es ebenfalls ausprobieren wollen: Schulen für Meditation bieten Anleitungen für sogenannte Bodyscan-Techniken, bei denen Sie Ihren gesamten Körper gedanklich durchwandern. Authentisch führende Manager können irgendwann einen Sachverhalt »von innen« heraus bewerten – der Bauch »spricht« dann mit unüberhörbarer Stimme.

Den Körper achten – Angst in den Griff bekommen

Haben Sie schon einmal bewusst auf Ihre Sprache geachtet? Dann sprechen Sie vielleicht auch manchmal Sätze aus wie »Etwas geht mir an die Nieren« oder »Mir schlägt das Herz bis zum Hals«, »Mir ist eine Laus über die Leber gelaufen«, »Ich habe die Nerven verloren« oder »Mir sträuben sich die Nackenhaare«.

Ich habe eine kleine Umfrage unter meinen Geschäftsführerkollegen gemacht, und zu ihrem eigenen Erstaunen verwendet jeder von ihnen solche auf körperliche Befindlichkeiten bezogene Redewendungen. Den wenigsten ist jedoch bewusst, was sich dahinter verbirgt beziehungsweise wofür sie stehen. Unsere Nieren, genauer gesagt die Nebennieren, spielen eine wesentliche Rolle, wenn es um die Bewältigung von Stress geht. Wenn Ihnen das Herz bis zum Hals schlägt, kann das auf große Anspannung hindeuten, wenn Sie Verspannungen im Nacken bemerken, hat sich vielleicht unbewusst die besonders sensible Halsmuskulatur verkrampft, weil jemand Sie über Gebühr beansprucht hat ... und so weiter. All das sind körperliche Reaktionen auf – ja, worauf eigentlich? Auf Emotionen, also auf starke Gefühlsregungen? Oder ist da noch etwas anderes im Spiel?

Wir haben in den ersten Kapiteln gesehen, was Angst und Anspannung in Krisensituationen mit einem Manager machen können. Wir schauen uns noch genauer an, was in Ihrem Körper passiert, wenn der Druck steigt, wie das in einer Krise der Fall ist. Sie werden lernen, wie Sie mittels Ihrer Gedanken Ihre körperlichen Reaktionen steuern können – zumindest bis zu einem gewissen Punkt. Wir widmen uns der Frage, ob es etwas wie eine »Entspannung auf Knopfdruck« geben kann, wenn Sie eine Krise durchstehen müssen. Und Sie lernen Techniken kennen, Ängsten entgegenzuwirken. Worum geht es hier genau? Kehren wir noch einmal zum Beispiel mit Tanja P. zurück, die während des Segeltörns auf dem Atlantik das Ruder übernommen hat, den Crewmitgliedern gesagt hat, was sie tun sollen, und letzten Endes die Jacht sicher in ihren Heimathafen auf Gran Canaria gesteuert hat. Eine kritische Situation, in der sie die Nerven behalten hat. Übertragen auf Sie als Manager in der Krise stellt sich die Frage, wie Sie es schaffen, von Ängsten nicht überflutet zu werden, während ein anderer völlig unberührt bleibt. Warum sind Sie also vielleicht ein »Typ Reagierer« und ein anderer überhaupt nicht – oder genau umgekehrt?

Was das heißt, macht ein kleiner Vergleich deutlich. Vielleicht haben Sie auch die Konjunkturdelle nach 2009 umschiffen müssen. Thorsten W. war bereits Geschäftsführer seiner kleinen Beratung im Human-Resources-Bereich, als die Geschäfte um über 40 Prozent einbrachen: »Wir mussten Mitarbeiter entlassen und wussten nicht, ob es überhaupt weitergeht, weil fast alle Kundenaufträge storniert wurden.« Hatte er Angst? »Überhaupt nicht. Mich bringt so schnell nichts aus dem Gleichgewicht. Ich bin da wie ein Elefant, ich habe ein dickes Fell. Auch wenn ich pleitegegangen wäre. Dann hätte ich eben wieder neu angefangen.« Und Sie – sind Sie auch ein Elefant?

Erkenntnisse der Neurowissenschaften geben Aufschluss darüber, wie Sie Ängste künftig in den Griff bekommen können. So rät Daniel J. Siegel zu einer »Vergrößerung des Toleranzfensters«.[1] Er hat sich mit dem beschäftigt, was Menschen auf einen externen Stimulus – hierzu zählt auch der Stress in einer Krise – unterschiedlich reagieren lässt, sprich warum manche aus der Bahn geworfen werden und andere nicht. Siegel macht hierfür die Erregungsbandbreite eines Menschen verantwortlich. Sie unterscheidet sich von Person zu Person und bestimmt deren Fähigkeit, Belastungen zu ertragen. Anders ausgedrückt: Übersteigt ein Reiz das in einer Person verankerte Toleranzmaß, beeinträchtigt dies die handelnde Person erheblich.

Andere Forscher sprechen von einer Bandbreite, innerhalb derer Emotionen »gehalten« werden können, bevor sie einen Menschen aus der Bahn werfen.[2] Nicht nur negative, sondern auch positive Emotionen wie Freude oder Liebe können so stark werden, dass sie schlichtweg nicht mehr auszuhalten sind. Die innere Anspannung des Betreffenden kann dann so stark zunehmen, dass derjenige nach innen oder außen »explodiert« – oder sich im Gegenteil völlig verschließt und sogar krank wird. Wenn starke Emotionen das rationale Denken ausschalten, kann es etwa zu unkontrollierten Wutausbrüchen kommen:

FALLBEISPIEL

Wie arbeiten Sie im Führungsteam?

Erinnern wir uns noch einmal an die drei Inhaber der kleinen IT-Firma. Eines Tages kam es zu folgender Situation: Einem großen Kunden sollte ein Angebot unterbreitet werden, das eine Präsentation für den Vorstand einschloss. Ein anspruchsvolles Unterfangen, weil die Präsentation neben dem Tagesgeschäft vorbereitet werden musste. Der jüngste von ihnen, Daniel S., hatte bereits einen Vorschlag erarbeitet, der aus Sicht des ältesten Kollegen, Kai G., nicht gut genug war, was er ihm direkt spiegelte. Der Jüngere explodierte daraufhin regelrecht: »Eine Scheiße ist das. Du hast dich bisher nicht darum gekümmert, und jetzt willst du alles anders haben. Das ist Kindergarten, echt.« Auch am Wochenende verrauchte die Wut von Daniel S. nicht, vielmehr schickt er dem Kollegen noch eine E-Mail hinterher: »Hallo???? Du wolltest das so geändert haben. Siehe, höre und erinnere dich!!!!!« Versuche der Kontaktaufnahme von Kai G. beantwortet er eine Woche mit Schweigen. Letzterer wusste nicht, wie ihm geschieht, und war schließlich selbst gekränkt.

Der Wutausbruch des Jüngsten, auch wenn er möglicherweise begründet war, half niemandem. Die Vorgeschichte: Der Jüngere hatte vorher schon öfter Zweifel gehabt, ob seine Leistung ausreichte. Gerade ihm als Perfektionisten hatten diese Zweifel schon früher extrem zugesetzt. Wagte es jemand wie sein erfahrener Kollege, ihn zu kritisieren, konnte er damit nicht umgehen, weil er in dem Moment von seinen Emotionen überflutet wurde. Er fühlte sich als Versager, gerade angesichts der großen Erfahrung des Kollegen. Starke körperliche Reaktionen waren die Folge. Sein Herz schlug schneller und heftiger, und in seinem Bauch rumorte es. Sein Körper stellte sich auf Kampf ein – und das bei einem Kollegen, von dem er wusste, dass er ihn gut kannte und wertschätzte.

Das eigene Toleranzfenster zu vergrößern heißt, in Krisensituationen angemessen zu reagieren, sich von Emotionen nicht überfluten zu lassen. Das funktioniert nur, wenn das, was in diesen Situationen körperlich passiert, berücksichtigt wird. Schon Wilhelm Reich, ehemaliger Freud-Schüler, hatte erkannt, dass körperliche Prozesse psychologische beeinflussen und umgekehrt. Reich ist der Begründer der sogenannten Körperpsychotherapie, auf der heutige stark nachgefragte »Body & Mind«-Ansätze basieren. Ebenso wird in der Medizin die Erkenntnis der Untrennbarkeit körperlicher und geistiger Prozesse immer stärker berücksichtigt und fließt in Therapien ein.[3]

Körper und Geist bilden eine Einheit. Wenn wir also unser Toleranzfenster vergrößern wollen, sollten wir den Weg über den Körper nehmen, anstatt zu versuchen, mithilfe von Sprache unsere Denkprozesse zu beeinflussen.

Stress, lass nach!

Im Leben von Managern spielt sich nicht nur viel im Kopf ab, in der Regel wird es auch vom Kopf gesteuert. »Um meinen Körper kümmere ich mich nicht weiter«, so der Geschäftsführer eines Start-ups. Und: »Ich bin nur Kopf.« In Coachings führt eine

Aufforderung wie »Spüren Sie in sich hinein, fühlen Sie, was Ihr Herz sagt« oft zu Unverständnis bei Managern – die dann stirnrunzelnd fragen, was denn ihr Herz damit zu tun habe und wie sie es wahrnehmen sollten. Von Gerald Hüther stammt das Zitat »Ich gehöre zu denjenigen, die durch ihre wissenschaftlichen Arbeiten und Erfahrungen gemerkt haben, dass an einem Gehirn auch noch ein Körper hängt. [4]« Für das Gros der Vorstände und Geschäftsführer, mit denen ich gearbeitet habe, ist der Körper quasi nicht existent. Sie merken, dass es ihn gibt, wenn er nicht mehr funktioniert – das heißt, sich in der Krise mit Schlafstörungen, Herzrasen und hohem Blutdruck bemerkbar macht und Pläne somit durchkreuzt werden. Ursache ist eine zu hohe Stressbelastung, mit der Manager nicht fertigwerden. Um also besser mit Stress umzugehen, sind Strategien nötig, die auch den Körper einbinden. Es bei jenen zu belassen, die allein aufs Denken abzielen, ist zu wenig, und alles würde bleiben, wie es ist.

Was passiert bei krisenbedingtem Stress im Körper? Die hohe Anspannung in einer Krisensituation führt zu körperlichen Reaktionen, die nach zwei verschiedenen Mustern ablaufen können. Entweder verfällt man in einen Angriffsmodus, der sich in Wut äußert, oder es werden Fluchtimpulse ausgelöst, ein Zeichen von Angst.

Für die Wut steht das Beispiel eines befreundeten Managers, der mir sagte: »Wenn mir einer wie neulich Widerstand im Aufsichtsrat leistet, merke ich, dass ich die Zähne fletsche.« Klare Botschaft – er ist angriffsbereit und erinnert an ein Raubtier, das sich in etwas verbeißen will.

Angst äußert sich genau umgekehrt: Es fühlt sich an, als würden sich der Körper und alles in ihm zusammenziehen. Menschen ziehen in dem Moment den Kopf ein, die Schultern fallen nach vorne, kurzum: Der Körper wird kompakter, als wolle sich derjenige vor einem Angriff schützen. Physiologisch läuft bei allen dasselbe ab, ob Manager in der Krise oder Kriegsberichterstatter: »Als die Bomben draußen fielen, habe ich beobachtet, dass wir im Luftschutzbunker alle gleichermaßen reagiert haben: Wir haben uns quasi eingerollt«, so die Beschreibung eines Augenzeugen aus dem Irak.

Beide Empfindungen, Wut und Angst, sind evolutionär bedingt und tief in uns verankert. Schauen wir uns anhand einer Analogie an, was körperlich passiert:

Ein fliehender Eisbär wird von einem Hubschrauber aus gejagt und mit einem Betäubungspfeil niedergestreckt, um den Bären mit einem Peilsender zu versehen. Seine Flucht ist auf YouTube anzuschauen (»Polar Bear tremoring after a stressful event«).

Was haben er und ein Topmanager in einer Krisensituation gemeinsam? Sehr viel: Schauen Sie sich das Video einmal an. Die Überraschung wartet am Ende, als der Eisbär aus der Betäubung aufwacht und noch auf dem Rücken liegend zuckende Bewegungen mit seinen Tatzen ausführt, was man als ein »Weiterlaufen in der Luft« bezeichnen kann. Erst dann dreht er sich auf die Seite, steht auf, schüttelt sich zitternd und läuft weg.

Erstens: Physische Reaktionen. Was für den Eisbären die Verfolgung mit dem Helikopter ist, ist für den Topmanager die Krise – maximaler Stress, sodass der Körper extreme Mengen von Adrenalin und Cortisol freisetzt. Der für das Handeln verantwortliche Sympathikus wird aktiviert. Beim Eisbären wie auch beim Menschen werden dadurch die bereits beschriebenen Impulse ausgelöst: fliehen oder kämpfen. Der Eisbär flieht, der Topmanager hat jedoch die Wahl – eigentlich, denn er überlegt in dem Moment in der Regel nicht, bevor er aktiv wird. Das heißt, der Stress kann so gewaltig sein, dass er sein Denken einschränkt. Das Gehirn läuft auf Sparflamme, weil sämtliche Energie für die anstehende Flucht oder den bevorstehenden Kampf gebraucht wird.

Neurobiologisch betrachtet bedeutet dies, dass der präfrontale Kortex »abgeschaltet« wird und ältere Teile des Gehirns übernehmen, nämlich der Gehirnstamm beziehungsweise das für Emotionen verantwortliche limbische System. Ein Topmanager ist damit zwar noch handlungsfähig, jedoch deutlich eingeschränkt.

Zweitens: Handlungsunfähigkeit. Es gibt neben den angesprochenen zwei Reaktionen Kampf und Flucht noch eine dritte, für die Eisbären weniger bekannt sind, weil sie in der freien Natur meines Wissens keine natürlichen Feinde haben. Bei anderen Tierarten ist sie aber durchaus zu beobachten, etwa bei Antilopen in der Steppe angesichts eines angreifenden Löwen. Die Rede ist vom Sich-tot-Stellen. Bezogen auf einen Topmanager in einer Krisensituation klingt das ziemlich absurd. Ist es aber nicht, denn angesichts einer als extrem empfundenen Bedrohung kann ein Topmanager »erstarren«, also in eine Art Schockzustand verfallen. Den rational handelnden Menschen gibt es in einer solchen Situation nicht, weil ihn Stresshormone keinen klaren Gedanken mehr fassen lassen. Daraus können Fehlentscheidungen resultieren – von zum Teil dramatischem Ausmaß für das Unternehmen insgesamt sowie für den Manager.

Der Eisbär aus unserem Beispiel trägt keinen bleibenden Schaden davon. Und damit gibt es keine weiteren Gemeinsamkeiten zwischen ihm und dem Topmanager – leider. Für den heißt es, die Stresssituation zu bewältigen, denn ab jetzt ist seine Gesundheit gefährdet, wenn er nicht aktiv dagegen angeht. Das heißt, ein schon im normalen Tagesgeschäft unter einem hohen Stresslevel stehender Topmanager muss seine negative Energie freisetzen – der Fachbegriff lautet »sich entladen«. Andernfalls bleibt sie in seinem Körper, setzt sich fest und zieht gesundheitliche Schäden nach sich.

FALLBEISPIEL

Bemerken Sie den Dauerstress?

Thomas P. ist seit einigen Jahren Vorstand einer großen IT-Firma. Aufgrund seiner langjährigen Branchenerfahrung ist er nicht nur in fachlicher Hinsicht äußerst kompetent, er kann auch Trends einschätzen und sein Unternehmen darauf ausrichten. Thomas P. ist auch beliebt bei

Führungskräften und Mitarbeitern. Warum? Er ist ein Mensch, der ein Unternehmen lenkt und sich kümmert: Er läuft eine Meile mehr als andere Topmanager. So schaut er nach Dienstschluss gern noch bei Mitarbeitern vorbei, die – wie in der Branche leider üblich – oft bis spät in die Nacht an Projekten sitzen, um pünktlich zu liefern. Das macht ihn zu einem »Vorstand zum Anfassen«, kurz gesagt ist er jemand, der seinen Job liebt. Das merkt die Belegschaft, und es kommt an. Thomas P. zahlt dafür einen hohen Preis. Der tägliche Druck und die langen Arbeitszeiten fordern ihren Tribut, der sich in einer stark verspannten Nackenmuskulatur von dramatischer Ausprägung äußert: In den vielen Jahren seiner Berufstätigkeit hat Thomas P. einen Buckel entwickelt. »Ihm sitzt etwas im Nacken«. Dennoch würde Thomas P. deshalb nicht kürzertreten. Er sagt, es gehe ihm gut.

Woran erkennen Sie, zu welchem Stresstyp Sie zählen? Warum treten körperliche Reaktionen bei dem einen auf, bei dem anderen in vergleichbaren Situationen aber nicht? Offensichtlich gibt es auch den Typ Manager, den scheinbar nichts irritiert und der von sich selbst sagt: »Ich werde immer ruhiger angesichts von Krisen.« Ich kenne einen Vorstand, der nach eigenem Bekunden in der Nacht nach seiner Freisetzung – der Aufsichtsrat hatte seinen Rücktritt gefordert – »ruhig geschlafen hat wie ein Baby«, und einen anderen, der im vertraulichen Gespräch Jahre später zugab, dass er in der Nacht, nachdem er von seinen Aufgaben entbunden worden war, immer wieder mit Herzrasen hochgeschreckt war: »Bestimmt acht Mal in dieser Nacht. Es war beängstigend.«

Zu welcher Kategorie Mensch gehören Sie? In der Regel dauert es nicht lang, das herauszufinden: Julian M., ein befreundeter Geschäftsführer, hat schon zu Hochschulzeiten Wahlkampf gemacht und sich für ein politisches Amt zur Verfügung gestellt. Er stand vor vierhundert Leuten im Hörsaal, mit hochrotem Kopf und Flecken am Hals vor lauter Hektik, ohne dass es ihm bewusst war. Seine Kommilitonen waren es, die ihm halb schmunzelnd gespiegelt hatten: »Wir dachten eben, du bist mal wieder richtig in Fahrt.«

Folgende körperliche Symptome lassen auf Stress schließen: eine rote oder blasse Gesichtsfärbung, zitternde Hände, eine Verdauung, die hörbar anspringt (besonders wenn die Anspannung nachlässt) oder eine flache Atmung, wenn die Grundspannung dauerhaft erhöht ist.

FALLBEISPIEL

Waren Sie schon mal im Fernsehen?

Ein Vorstandsvorsitzender, den ich in der Vergangenheit beraten hatte, war bei einem Fernsehsender zum Live-Interview eingeladen. Während der Übertragung wirkte er äußerlich völlig ruhig und abgeklärt und antwortete emotionslos. Erst wenn die Kamera nah an ihn heranfuhr und man genau hinsah, wurden Anzeichen für Stress sichtbar: Die Atmung ging stoßweise, und zwar vorwiegend im oberen Brustkorb. Man sah förmlich, dass »ihm das Herz bis zum Hals schlug« – alles Anzeichen für eine hohe sympathische Erregung. Der gleiche Vorstand litt wenig später an massivem Burn-out und unterzog sich einer Atemtherapie. »Sie sind immer noch hocherregt, Sie schleudern den Atem förmlich heraus«, so der Kommentar seiner Therapeutin nach der ersten Sitzung.

Ein weiteres verbreitetes Stresssymptom ist das nächtliche Zähneknirschen. Ein Zahnarzt, der viele Manager aus oberen Führungsetagen betreut, erklärt das so: In der Nacht verarbeitet der Körper die Geschehnisse vom Tag. Bei vielen seiner Patienten heißt das, »sich tagsüber durchzubeißen« beziehungsweise »die Zähne zusammenzubeißen«. Das hat weitreichende Folgen für den Körper: Der große Kaumuskel, Masseter genannt, ist unser stärkster Muskel. Er verbindet Unter- und Oberkiefer und ist fürs Zubeißen zuständig. Zirkusakrobaten können nicht weniger als ihr Körpergewicht an diesem einen Muskel halten.[5] Wenn ein Manager die Zähne zusammenbeißt, werden seine Lippen schmal, die Wangen fest, die Halsmuskeln spannen sich an. Aufgrund seiner Größe entfaltet der Masseter unter Anspannung eine solche Kraft, dass noch weitere Körperregionen unter Spannung stehen. Mittelfristig verursacht das Probleme, die allerdings meist niemand dem nächtlichen Zähneknirschen zuschreiben würde.

All diese Symptome kennzeichnen dem Psychologen Richard Wiseman zufolge »hochreaktive« Menschen, deren Körper unter Belastung starke Stresssymptome zeigen. Jene mit niedriger Reaktivität bleiben dagegen in stressigen Situationen ruhig, und es dauert lange, bis möglicherweise auch bei ihnen die beschriebenen Symptome auftreten[6].

Kann man Stresssymptome steuern? Egal zu welchem Typ Sie gehören – wir haben leider keine Wahl, was Art und Ausmaß der Reaktionen angeht. Sämtliche genannte Körperfunktionen, ob Herzschlag, Atmung oder Verdauung, sind Teil des vegetativen Nervensystems, das wir nicht kontrollieren können. Verarbeitungsprozesse laufen »autonom« ab. Gefährlich wird es, wenn die körperlichen Signale über einen längeren Zeitraum ignoriert werden, weil sie vielleicht unbemerkt bleiben. Thomas P., der Vorstand mit dem Buckel, hat lange noch von sich gesagt, er fühle sich »bestens«.

Oft bemerken wir nicht, wenn wir unter hoher Stressbelastung stehen. Das zeigt das Beispiel von Mitarbeitern der Kinderstation eines Krankenhauses. Sie fühlten sich wie immer. Als jedoch ihr Blut untersucht wurde, zeigte sich, dass der Cortisolspiegel 200 bis 300 Prozent über dem Durchschnitt lag – also dramatisch erhöht war.[7] Anhand der ausgeschütteten Menge dieses Hormons ist unser Stressniveau ablesbar. Wir müssen es also gar nicht mitbekommen, wenn der Körper schon lange im Alarmzustand ist. Das liegt daran, dass der Körper gelernt hat, auf Reize in einer bestimmten Art und Weise zu reagieren. Und das ist gefährlich. Tritt ein bestimmter Reiz immer wieder auf, werden die immer gleichen neuronalen Muster im Gehirn aktiviert (zum Beispiel »Ich ziehe bei Stress immer die Schultern hoch« oder »Ich habe dann diesen nervösen Tic im Augenlid«). Die körperlichen Symptome verstärken sich daraufhin und es kann sein, dass ein Körper irgendwann ununterbrochen SOS funkt – körperliches Unwohlsein wird zum Dauerzustand. Die Grundspannung kann langfristig so hoch sein, dass Betroffene gar nicht mehr wissen, wie es ist, ruhig und ausgeglichen, mit sich und allem im Reinen zu sein, egal was kommt.

Die Erklärung, warum der eine auf Stress reagiert und der andere nicht, lieferte der Psychologe Stanley Schachter von der Columbia University 1960. Ihm zufolge ist bei Menschen das physiologische System entweder aktiviert oder nicht – vom Grad der Aktivierung beziehungsweise von der Grundspannung hängt ab, ob jemand die entsprechenden Auswirkungen spürt. Das ist dann der Fall, wenn das System dauerhaft »hochtourig« läuft.

Betroffene fühlen sich, als würden sie wie der Eisbär vor einem Hubschrauber davonlaufen, wobei ihre Flucht anders als die des Bären nicht enden will. Stanley Schachter hat die Auswirkungen dessen bei Versuchsteilnehmern untersucht, indem er ihnen Adrenalin injiziert hat, wie es auch bei der Flucht zur Ausschüttung kommt. Daraufhin schlug beispielsweise das Herz der Probanden schneller als normal und sie reagierten deutlich emotionaler als für sie üblich.[8]

Das Gleiche kann außerhalb einer Laborsituation auftreten, wenn der Adrenalinspiegel im Blut eines Menschen unter Dauerstress nicht mehr sinkt. Das Problem dabei ist, dass sich dieser Zustand einprägt – der Körper lernt also, gestresst zu sein. Es braucht Zeit und ist mit Anstrengung verbunden, diesen Kreislauf zu durchbrechen.

Wie können Sie sich als Mensch, der auf Stress empfindlich reagiert, für die Krise wappnen? Als authentische Führungspersönlichkeit verfügen Sie idealerweise über eine Methode zum Stressabbau.

Voraussetzung ist, die eigene Grundspannung niedrig zu halten. Je größer die Anspannung wird, desto weniger nehmen Sie

Blockaden wahr. Letztere erzeugen überhaupt erst die Symptome, sprich: Sie müssen Blockaden fühlen können, um an ihnen zu arbeiten. Mit einer überhöhten Grundspannung bekommen Sie gar nicht mit, dass es Ihnen schlecht geht. Wie können Sie dafür sorgen, dass es gar nicht erst so weit kommt?

Strategie 1: Entspannung auf Knopfdruck. Ich höre sehr oft von Managern:»Mir war immer klar, dass ich eine Entspannungstechnik lernen muss.« Meist bleibt es aber bei dem Vorsatz. Margret Suckale, Vorstandsmitglied bei BASF und ehemaliger Personalvorstand bei der Deutschen Bahn, ist eine rühmliche Ausnahme. Sie wendet seit ihrer Studienzeit mit gutem Erfolg autogenes Training als Einschlafhilfe an.[9] »Entspannung auf Knopfdruck« – geht so etwas? Ein ehemaliger Kampfflieger, heute Manager in einem Werk für Hydraulikpumpen, kann dies bestätigen. Während seiner Bundeswehrzeit eignete er sich eine Selbsthypnosetechnik an, mit der er sich im Kampfjet innerhalb von Sekunden in einen Zustand völliger Ruhe versetzen konnte. In aller Munde ist aktuell die»Mindfulness-Based Stress Reduction«-Methode des Mediziners Jon Kabat-Zinn, emeritierter Professor der University of Massachusetts Medical School. Mit dieser Methode können sich auch Meditationsunerfahrene innerhalb von acht Wochen einen Grundstock verschiedener kleinerer Techniken aneignen. Es ist nachgewiesen, dass innerhalb dieser zwei Monate dauerhafte Veränderungen im Gehirn stattfinden.

Strategie 2: Das Toleranzfenster vergrößern. Der oben erwähnte jüngste Geschäftsführer der kleinen IT-Firma hatte gegenüber seinem älteren Kollegen unangemessen reagiert, weil die Erinnerung an ähnliche Situationen der Vergangenheit unangenehme Gefühle in ihm auslösten. Alte, unterdrückte und uneingestandene Gefühle speichert der Körper in Form von Anspannung in den Muskeln. Wollen Sie körperlich gesund bleiben, müssen

Sie sich also mit Ihren emotionalen Altlasten auseinandersetzen. Darin liegt der Schlüssel zur Erweiterung Ihres Toleranzfensters, um Gefühle aushalten und mit ihnen umgehen zu können.

Strategie 3: Für ein gutes Umfeld sorgen. Viele Topmanager haben ein gespaltenes Verhältnis zu ihrem Körper. Auf der einen Seite treiben sie Sport, oft sogar bis ins Extrem, und auf der anderen Seite geben sie erstaunlich wenig auf sich acht, indem sie beispielsweise bewusst weniger schlafen und Mahlzeiten ausfallen lassen. Ein Fehler, denn gerade regelmäßige Bewegung, ausgewogene Ernährung und ausreichend Schlaf reduzieren nachgewiesenermaßen Ängste.

Entspannung auf Knopfdruck

Dem bekannten Harvard-Kardiologen Herbert Benson zufolge sind Atemübungen besonders förderlich für das Wohlergehen. Bei Techniken wie dem wiederholten Aufsagen des Vaterunsers oder eines Gedichts, ohne zwischendurch Luft zu holen, damit sich die Lunge völlig entleert, entspannt sich der Körper. Benson bezeichnet diese Reaktion als »relaxation response«.[10] Körperliche Veränderungen, die damit einhergehen, sind:
- Eine verlangsamte Atmung, wodurch der Sauerstoffbedarf des Körpers abgeschwächt wird. Puls und Blutdruck sinken, die Muskeln entspannen sich.
- Das Gehirn produziert niedrige Alphawellen und überlagert damit die Betawellen des normalen Wachbewusstseins.
- Ablenkende Gedanken treten in den Hintergrund, es kehrt Ruhe im Organismus ein.
- Außerdem wird in der Nebennierenrinde die Produktion von Stresshormonen wie Adrenalin, Noradrenalin und Cortisol heruntergefahren. Der Betroffene beruhigt sich.

Wenn Manager versuchen, sich zu entspannen, ist das nicht immer von Erfolg gekrönt. Bensons Entspannungsmethode will also erlernt sein.

FALLBEISPIEL

Wie entspannen Sie?

Ralf G. ist viel beschäftigtes Vorstandsmitglied. Vor zwei Jahren hatte er einen Zusammenbruch und konnte lange Zeit nicht arbeiten. Er sagt heute, einige Therapien später: »Ich nenne das, was ich hatte, meine Hetzkrankheit. Ich hatte nie ausreichend Zeit für das, was erledigt werden musste. In Gesprächen war ich immer schon beim nächsten Thema. Pausen gab es keine, ich musste so viele Themen wie möglich durchkriegen.« Natürlich hatte es vor seinem Zusammenbruch Warnsignale gegeben, massive Verspannungen im Nacken- und Schulterbereich, innere Unruhe, Herzrasen. Kurz gesagt: Ralf G. ist ein Mensch vom Schlage Thomas P.: »Mir war immer klar, dass ich eine Entspannungstechnik beherrschen sollte. Es ist aber bei dem Vorsatz geblieben.«

Ralf G. erinnert sich an Versuche, in seine vielen Reisen entspannende Aktivitäten zu integrieren. »Das sah so bei mir aus: Ich bin am Abend im Hotel angekommen, um 21.00 Uhr. Ausschlaggebend für die Wahl des Hotels war ein Wellnessbereich. Ich bin kurz aufs Zimmer, um 21.15 Uhr war ich unten. Dann bin ich sofort in die finnische 90-Grad-Sauna. Wärme hat mir immer gutgetan. Ich wollte in der verbleibenden kurzen Zeit – die Sauna hat um 22.00 Uhr geschlossen – so viel wie möglich mitnehmen. Also hab ich einen Aufguss gemacht, mich auf die oberste Stufe gesetzt. Anschließend bin ich ins Tauchbecken und habe mich kalt abgeduscht. Aber irgendwie war es nicht gut, mein Herz hat gewummert. In der Nacht konnte ich nicht schlafen.«

Was hat Ralf G. falsch gemacht? Er sieht es heute selber: Er hat seinen Körper überfordert. Die Reise war anstrengend gewesen, von Verspätungen gekennzeichnet. Seine Ankunft im Hotel hatte er für deutlich früher geplant, um noch Zeit für einen ruhigen Abend im Wellnessbereich des Hotels zu haben. Anstatt sich langsam zu akklimatisieren, etwa erst in die Biosauna mit moderaten 60 bis 70 Grad zu gehen, hat er versucht, den Zeitmangel wieder wettzumachen, ist also sofort in die den Kreislauf anregende 90-Grad-Sauna mit Aufguss gegangen und hat sich hinterher im eiskalten Tauchbecken abgekühlt. Die anschließende Entspannung im Ruheraum hatte er ausfallen lassen. Die Folge: All das hatte seinen Körper zu später Stunde hochgepuscht und zusätzlichen Stress verursacht.

Viele Manager in meinen Seminaren haben bereits Erfahrung mit Entspannungstechniken gemacht. Nur wenige von ihnen wenden die erlernten Methoden allerdings regelmäßig an. Genau das müssten sie aber tun, um sich für Krisen zu wappnen.»Ich habe diesen Wochenend-Meditationskurs im Kloster besucht, und wir haben verschiedene Methoden gelernt. Zum Beispiel eine Rosine achtsam zu kauen. Das war so gar nicht mein Ding, und ich wüsste auch gar nicht, wie ich dafür im Alltag Zeit finden sollte«, ist ein Feedback, das ich öfter bekommen habe. Jeder Topmanager ist anders und braucht daher eine zu ihm passende Entspannungstechnik. Der eine Firmenchef kommt mit einem Bodyscan klar, eine Technik, bei der er in Ruheposition gedanklich die einzelnen Körperteile abtastet. Die kann er zweimal täglich für je zehn Minuten einschieben, indem er seiner Sekretärin die Anweisung gibt, jede Störung von ihm fernzuhalten. Dem anderen Manager ist das zu abgehoben, und über Tag hat er für so etwas keine Zeit, wohl aber am Morgen oder Abend – erinnern wir uns an den Vorstandskollegen im Konzern, der jeden Morgen ab 5.00 Uhr seinen Tag strukturiert. Für ihn bieten sich kleine Übungen innerhalb dieses Zeitfensters an.

Welche Technik Sie auch immer anwenden, sie sollte so flexibel sein, dass Sie sie auch auf Reisen und an wechselnden Orten durchführen können. Die Grundspannung sollte dauerhaft auf einem erträglichen Niveau gehalten werden, und das funktioniert mit einer individuell zugeschnittenen Strategie am besten. Die zu entwickeln und täglich anzuwenden ist gerade für Manager wie Thomas P. überlebenswichtig.

Es gibt verschiedene Wege zur Entspannung »auf Knopfdruck«. Der eine Manager meditiert, der andere mag Yoga-Asanas oder Tai-Chi- beziehungsweise Qigong-Übungen. Bei manchem, der ein gutes Vorstellungsvermögen hat, wirken geführte Fantasiereisen, oder er kann sich sogar mittels einer simplen CD und Selbsthypnose in einen Trancezustand versetzen. Alles Wege, die zur Entspannung führen – wenn sie denn effektiv sind. Es erfordert aber Zeit, wenn diese Techniken nachhaltig sein sollen. Das zwischen Termine und Verpflichtungen gegenüber der Familie eingeschobene Wochenende im Kloster ist meist nur ein Tropfen auf den heißen Stein. Es führt aber nicht zu einer Entspannung im Alltag.

Wenn es Ihnen gelingt, regelmäßig »Ihre« Entspannungsübung zu machen, wird sie zum »Trigger«, mit deren Hilfe Sie sich schnell entspannen können – auch in Stresssituationen. Das ist zwar nicht unbedingt die »Entspannung auf Knopfdruck«, nach der so viele suchen, doch eine Möglichkeit herunterzukommen. Der ehemalige Kampfpilot beispielsweise hatte während seiner Bundeswehrausbildung mehrere Monate trainiert, bis er Selbsthypnose jederzeit im Kampfjet beherrschte. Trotzdem können kleine, wenig aufwendige Verfahren viel bewirken – wenn Sie diese denn regelmäßig anwenden.

Dazu zählen Atemübungen, deren Ziel es ist, tief in den Bauch zu atmen und die Phase des Ausatmens gegenüber der des Einatmens zu verlängern. Beobachten Sie ein Baby oder einen Hund, das/der schläft: Bei beiden hebt und senkt sich der Bauch, und der gesamte Körper wölbt sich leicht beim rhythmischen Atmen. Dabei wird auch der untere Teil der Lunge einbezogen, wodurch besonders viel Sauerstoff aufgenommen wird. Versuchen Sie es einmal, indem Sie sich hinlegen und ein Buch auf dem Bauch platzieren und ein- und ausatmen.

Es ist quasi unmöglich, während der Bauchatmung angespannt zu sein. Sie können lernen, wieder wie ein Baby zu atmen.
Es gibt wirksame Methoden, um die gerade in stressigen Situationen übliche Flachatmung im Brustbereich zu überwinden. Sollten Sie musikalisch sein und ein Blasinstrument spielen, ist das
eine hervorragende Möglichkeit, sich eine gute Atmung anzueig-
nen oder zu bewahren. Dementsprechend haben Berufsmusiker
in der Regel weniger Probleme in Stresssituationen: Ihre Atmung
bleibt aufgrund ihrer Ausbildung ruhig und unangestrengt. Sie
beherrschen kein Blasinstrument? Das ist keine Ausrede, denn
auch regelmäßiges Singen hat den gleichen Effekt.

Ebenso hilft eine Gleichgewichtsübung, wenn der Stresspegel
hoch ist. Sie reduziert eine akute Erregung sofort. Schließen Sie
die Augen. Stellen Sie sich hin und beginnen Sie, sich langsam wie
eine Slalomstange um die eigene Achse zu wiegen. Einmal nach
rechts, dann nach links, dann nach vorne und nach hinten, und
das Ganze noch einige Male wiederholen. Ihre Fußsohlen sollten
sich nicht vom Boden lösen, und wenn Sie es können, stehen Sie
steif wie ein Stock.

Die Übung wirkt unmittelbar, weil sie den Gleichgewichts-
sinn betrifft: Unser Gleichgewichtsorgan liegt im Innenohr und
besteht aus drei miteinander verbundenen Bögen. Jedes einfache
Schaukeln oder Wiegen spricht das Organ direkt an – mit einem
beruhigenden Effekt. Dem Biophysiker und Psychologen Peter
Levine zufolge – bekannt für seine Arbeiten auf dem Gebiet der
Traumatherapie – ist es dabei vor allem die langsam und achtsam durchgeführte Bewegung, die solchermaßen wirkt. Selbst
wenn Sie nervlich extrem angespannt sind, kann das Kreisen um
Ihre eigene Achse Sie wieder auf »null« zurücksetzen.[11] In manchen Kulturkreisen wird sanftes Schaukeln sogar als Mittel zur
Meditation eingesetzt, wie der Shaolin-Experte Marc Gassert zu
berichten weiß. Die Mönche nutzen das monotone Hin und Her
von Schaukelstühlen, um sich in Trance zu versetzen.[12]

Unser Körper verspannt sich, wenn unsere Gedanken ins

Stocken geraten. Wie können Sie also erreichen, dass Sie gerade in stressigen Situationen locker bleiben und sich der Vorgänge in Ihrem Körper bewusst sind, dieser umgekehrt Ihr Denken positiv stützt und Sie sozusagen »im Fluss bleiben«? Es kann bereits helfen, zwischendurch einfach mal spazieren zu gehen. Vielleicht erinnern Sie sich auch noch an intensive Lernphasen, bei denen sich dadurch das Gelernte besser eingeprägt hat.

Aber auch andere kleine Entspannungsübungen bringen oft schon sehr viel. Sie kennen sicher die progressive Muskelrelaxation nach Edmund Jacobson oder Techniken aus der Cranio-Sacral-Therapie wie den Kiefer zu lockern und das Zwerchfell durch Summen freizubekommen.

FALLBEISPIEL

Können Sie Ihre Verspannungen lösen?

»I absolutely learned to trust the body.« Die Managerin Jonna K. wird diesen Satz nie vergessen. Er geht zurück auf David Berceli, an dessen Seminar sie als Einzige aus dem Bereich Wirtschaft zusammen mit Neurologen, Physiotherapeuten und Osteopathen teilgenommen hatte. Es fand irgendwo auf dem platten Land in Niedersachsen statt: Es war noch früh an einem kalten Sonntagmorgen, und Jonna K. erinnert sich gut an den sonnendurchfluteten Raum, an viel Holz und an die behagliche Wärme – ein starker Kontrast zur frostigen Wiesenlandschaft draußen. Auf dem Boden vor den Seminarteilnehmern lag David Berceli rücklings, und auf einmal fing sein ganzer Körper an zu zucken, während er weitersprach. In dem Moment, so erzählt Jonna K., wurde ihr die ganze Bedeutung des Satzes bewusst. Was passierte mit ihm und seinem Körper? Das Konzept, das er der Managerin und den übrigen Teilnehmern im Seminar nahebrachte, heißt TRE, »Tension and Trauma Releasing Excercises«. Der Körper wird mithilfe einfacher Übungen zum Zittern gebracht, wodurch sich seine Spannung entlädt, oder, wie David Berceli es ausdrückt, »in einen Lösungsmechanismus für Stress und Trauma übergeht«. Einem Lehrer zuzuschauen ist eine Sache, die Erfahrung selber zu machen etwas ganz anderes. Jonna K. beschreibt, wie sie sich einigermaßen skeptisch nach Bercelis Demonstration auf eine Wolldecke auf den Boden legte und seine Anweisungen befolgte. Und wartete. Und – staunte. Denn ihr Körper begann, ein Eigenleben zu führen. Er zuckte, er zitterte, er entlud Spannung: direkt auf dem Fußboden im Seminarraum im Beisein der anderen Teilnehmer. Sicher wäre das Bild für Außenstehende absurd gewesen. Aber es ist ein Bild, das für die Technik spricht: Was Jonna K. und die übrigen Teilnehmer erlebten, war ein einfaches biomechanisches Entspannungsverfahren.»The organism wants to pulsate«, der Körper will frei pulsieren, lautet einer der Lieblingsätze von David Berceli. Seine Übungen helfen dem Körper, Spannungen »wegzuzittern«. Viele Manager haben mittlerweile Bercelis Unterweisungen befolgt und wenden seine Technik erfolgreich an. Sie sagen übereinstimmend, in kritischen Situationen gelassener bleiben zu können als vorher. Jonna K. wendet die Übungen heute noch regelmäßig an.

Das Toleranzfenster vergrößern

Eine Managerin hält häufig Vorträge vor großem Publikum. Dabei fällt auf, dass sie steif wie ein Stock dasteht, ihr rechter Arm hängt schlaff herunter, nur die linke Hand untermalt das Gesagte. Sie hat rote Flecken am Hals und ihre Stimme, die sonst ein schönes Timbre hat, klingt nicht angenehm. Modulation im Ausdruck: Fehlanzeige. Ein Kollege aus ihrem Geschäftsführungsteam kommentierte einmal trocken:»Wenn du da oben auf der Bühne stehst, wirst du die Frau mit der tiefsten Stimme auf der Welt.«

Was die Managerin bei solchen Auftritten zeigt, ist eine »unfunktionale Körpersprache«. Der Ausdruck stammt von einem Körpertrainer, der ihre Auftritte analysiert hat. Sein nüchterner Kommentar:»Ihnen ist schon klar, dass Ihre Körpersprache damit zu tun hat, dass Sie die Kontrolle nicht abgeben wollen?

Wie Sie Ihre Hände abknicken, wenn Sie sprechen – Abwehrgesten. Sie sind Linkshänderin? Besonders die Hand, die Sie sonst nicht nutzen, die rechte, verkrampft da oben auf der Bühne unter Anspannung. Sie wollen im Grunde gar nicht da oben stehen und halten das Publikum damit auf Distanz.« Die Managerin hat inzwischen begonnen, intensiv an sich zu arbeiten. Ursache für Ihre ungünstige Körpersprache war ein einfacher physiologischer Zusammenhang: die Verbindung von Gedanken und Körper. Alte, unausgedrückte Gefühle oder Ängste können als Spannung in den Muskeln unseres Körpers gespeichert bleiben und unter Last zu einer unangemessenen Reaktion oder eben zu jener »unfunktionalen Körpersprache« führen. Wenn Sie in Spannungssituationen also »entspannt« bleiben wollen, auch körperlich, sollten Sie Ihre Gefühle, Ihre persönliche Geschichte dazu kennen. Erst wenn Sie Körper und Emotionen in eine Balance bekommen, werden Konflikte für andere nicht mehr unmittelbar sichtbar sein. Zum einen können Sie eine unfunktionale Körpersprache verändern, zum anderen vergrößern Sie mit der Arbeit an Ihrer persönlichen emotionalen Geschichte Ihr Toleranzfenster. In Situationen, in denen es eng wird, gehen Sie dann vielleicht nicht mehr sofort in die Luft und reagieren automatisch negativ auf eine empfundene Bedrohung.

Die erwähnte Managerin hat es geschafft. Neulich hat sie, Wirtschaftsfrau par excellence, sich auf ein für sie gänzlich ungewohntes Terrain begeben: Sie hat an einem Clown-&-Pantomime-Training teilgenommen. Die Übungen waren allesamt ungewohnt und brachten sie an den Rand ihres Selbstverständnisses. So war sie aufgefordert, die Schuhe auszuziehen und barfuß über die Bühne zu gehen. Oder sie sollte pantomimisch die Geräusche einer Espressomaschine nachmachen. Das war zuerst nicht nur ungewohnt, sondern fühlte sich sogar fremd an. Aber irgendwann gegen Ende des Kurses stellte sie fest: Sie hatte Spaß und fühlte sich wohl. Sie genoss den Kurs. Und dann passierte es. Eine andere Teilnehmerin kam unvermittelt auf sie zu: »Ich wollte Ihnen übrigens noch etwas sagen. Wissen Sie, dass Sie eine so schöne, weiche Körpersprache haben?«

Die Vorstellung nutzen, um den Körper zu lockern: Eine entspannte Körperhaltung ist so eine Sache. Stellen Sie sich ein kleines Mädchen von ungefähr acht Jahren vor. Es ist wütend, stampft mit dem Fuß auf – die Empörung in Person. Sein Rücken ist jedoch gerade, die Knie locker, eine natürliche Körpersprache. Anders als so mancher Speaker, der steif und verkrampft auf irgendeiner Bühne steht und einen Vortrag hält, wobei er das Gesagte mit roboterartigen Gesten untermalt. Man hat das Gefühl, er wolle sich vor irgendetwas schützen. Das Mädchen dagegen lässt seinen Gefühlen freien Lauf, sagt offen und unverstellt, was es denkt. Wir Erwachsenen können wieder dorthin kommen. Dafür sollten wir unsere Gedanken nutzen, die den Körper »mitziehen«. Stellen Sie sich einen Fluss vor – sehen Sie vor Ihrem inneren Auge, wie Wasser über die Steine im Flussbett läuft. So entsteht ein Bild. Ich habe eine Freundin, die Bilder wie dieses nutzt, wann immer sie verspannt ist. Sie nimmt sich einen Moment aus allem heraus, um ungestört zu sein, und legt sich auf den Boden. Dabei stellt sie sich das Fließen des Wassers in jeder Einzelheit vor. Nach einer Weile dehnt und streckt sie sich und ist wieder ganz weich in ihren Bewegungen – Verspannung ade.

Kleine Übungen im Geiste, die mit bildlichen Vorstellungen arbeiten, können eine enorme Kraft entwickeln und körperliche Vorgänge beeinflussen. Ihr Nervensystem und somit Ihr Körper reagieren allein dadurch, dass Sie sich etwas vorstellen. Sie müssen dazu gar nicht aktiv werden, sprich das Vorgestellte tatsächlich erleben müssen.

Treffen Sie auch manchmal mitten ins Schwarze?

Ein befreundeter Manager nimmt an einer jährlichen Tagung teil. Ein glanzvoller Rahmen, die Veranstaltung findet auf einem Schloss im Westen Deutschlands statt, hoch über dem Rheintal. Der Blick von der Schlossterrasse ist fantastisch, die Luft klar, die Sonne scheint. In den Pausen treffen sich dort alle Teilnehmer zum Networking. Wer eine kleine Auszeit vom Trainingsprogramm nehmen möchte, nimmt am Bogenschießen teil. Auf der Terrasse ist ein entsprechender Stand aufgebaut. Eine nette Abwechslung, die die Tagungsteilnehmer gern in Anspruch nehmen.

Angesichts des schönen Ambientes tut es dem Manager fast leid, im Seminarraum zu sitzen und den Vorträgen zu folgen. Am Nachmittag ist er erschöpft und lässt einige Vorträge sausen. Er schlendert mit einem Cappuccino in der Hand über die Schlossterrasse, wo zu dem Zeitpunkt gähnende Leere herrscht. Der Verantwortliche fürs Bogenschießen sieht ihn und winkt ihn zum Stand. Ob er es nicht einmal versuchen wolle? Mein Bekannter nickt und bekommt eine halbstündige Privateinweisung, die er nach eigenen Worten nie vergessen wird: Er erfährt, wie man den Pfeil einlegt, die Hand vor dem Abzug mit gespannter Bogensehne an der Wange vorbeiführt und schließlich loslässt. Die Zielscheibe befindet sich in einigen Metern Entfernung, dahinter ein Netz, sodass die Pfeile nicht ins Tal fallen.

Die ersten Versuche gehen daneben. Der Trainer betrachtet meinen Bekannten nachdenklich und sagt schließlich: »Machen wir es mal anders. Stellen Sie sich vor, Sie schauen auf ein Blatt am Baum, von dem ein Tautropfen abperlt. Das Blatt ist die Bogensehne, der Tautropfen ist der Pfeil. Versuchen Sie's.« Mein Bekannter mag das Bild spontan, er ist viel und gerne in der Natur und kann es sich sofort vorstellen. Aber inwiefern soll ihm das beim Bogenschießen helfen?

Relativ skeptisch versucht er noch einmal, die Zielscheibe zu treffen. Er stellt sich das Blatt vor, sieht es vor seinem inneren Auge, als er den Pfeil loslässt. Es ist kaum zu glauben: Er hat fast ins Schwarze getroffen. Der Trainer lächelt und fährt fort:»Der Tautropfen perlt ganz langsam vom Blatt ab. Sehen Sie das? Es gibt einen Moment kurz bevor er fällt, wo alles in der Bewegung verharrt.«Mein Bekannter nickt, es hat ihn gepackt. Er ist jetzt zu 100 Prozent konzentriert, als er mit dem Bild vom Tautropfen im Kopf mit seinem Pfeil Richtung Scheibe zielt. Diesmal trifft er ins Schwarze, mitten hinein. Wie im Rausch schießt er Pfeil um Pfeil und trifft dreimal hintereinander. Der Schütze ist inzwischen ganz bei der Sache – dabei aber völlig entspannt und locker. Er, normalerweise ein Kopfmensch wie die meisten Manager, ist in diesem Moment bei sich und eins mit seinem Körper. Er nimmt wahr, wie er im Moment des Loslassens dasteht: die Haltung gerade, die Schulterblätter zusammengezogen, aufrecht im Rücken. Der Pfeil geht sicher ins Ziel, jetzt, wo er sich voll und ganz mithilfe des Bildes in seinem Kopf darauf konzentriert. Es bringt innere und äußere Haltung in Einklang, sodass er gar nicht danebenschießen kann.

Eine eindrucksvolle Erfahrung, die meinem Bekannten heute noch gegenwärtig ist. Er hat seitdem kein Bogenschießen mehr gemacht, das Bild vom Tautropfen auf dem Blatt ist aber immer noch präsent. Wenn er daran denkt oder es sich vorstellt, kehrt unweigerlich das Gefühl von Stärke und Kraft zurück, das er im Moment vor dem Schuss empfunden hat. Er kann diese Kraft mittlerweile für andere Situationen nutzen.

Dass eine Körperhaltung Gedanken beeinflussen kann, ist seit Jahrtausenden bekannt. Haben Sie schon mal einen lachenden Buddha gesehen? Inzwischen ist nachgewiesen, dass allein der Gesichtsausdruck die Stimmung eines Menschen beeinflussen kann. Mit einem Lächeln fühlen sich viele weniger gestresst und sind umso eher mit sich im Reinen. So ist es auch mit der Körperhaltung, die das Befinden nicht nur ausdrückt, sondern es mitbestimmt.

Wie ist zu erklären, was meinem Bekannten beim Bogenschießen passiert ist? Es lag an der Kraft, die innere Bilder entfalten können. Der Psychologe Milton Erickson hat dieses Phänomen ausführlich untersucht und beschrieben. In jungen Jahren erkrankte er an Kinderlähmung und war vollständig gelähmt, sodass er sich nur noch mittels Augenbewegungen mitteilen konnte. Mithilfe von Imagination schaffte er es, seine Beweglichkeit wiederzuerlangen und ohne Krücken gehen zu können. Er war zeitlebens durch seine Krankheit beeinträchtigt und gezeichnet. Noch im hohen Alter begann er nach einer Nacht voller Schmerzen den Tag mit Mentaltechniken, um sich von seinen Schmerzen zu erholen. Danach war er wie ausgewechselt, strahlte, war offen und aufmerksam für andere.[13] Milton Erickson wendete Techniken der Hypnose und Autosuggestion an. Bekannt ist er auch für seine Arbeit mit Krebspatienten. Auf seine Anweisung hin stellten sie sich beispielsweise einen Tumor als feindlichen Eindringling vor, den ihre weißen Blutkörperchen wie heldenhafte Ritter bekämpfen.

Was können Sie daraus mitnehmen? Zunächst geht es darum, eigene und für sich stimmige Bilder zu finden. Es bringt nichts, mit Bildern zu arbeiten, die Ihnen vorgegeben werden. Einmal hat ein Arzt einen befreundeten Geschäftsführer durch eine teuer bezahlte Hypnosesitzung geführt – vergebens. Die Bilder, mittels derer der Arzt versuchte, den Kollegen von mir in Trance zu versetzen, haben vieles ausgelöst, ihn aber bestimmt nicht in einen ruhigen, friedlichen Zustand versetzt. Ein Fehler? Der Arzt hätte seinem Patienten Bilder anbieten müssen, mit denen dieser etwas verband.

Ericksons Technik ist behutsamer als der Ansatz des Arztes: Bei seinem Konzept wird dem anderen lediglich vorgeschlagen, sich etwas vorzustellen. Damit wird innerem Widerstand seitens des Probanden vorgebeugt. So bleibt Freiraum für die eigene Interpretation, und jeder kann entscheiden, ob er sich darauf einlassen möchte oder nicht. Er wird lediglich eingeladen, einem bestimmten Bild zu folgen.

Finden Sie Ihre eigenen Bilder, etwa wie meine Freundin, die sich auf den Boden legt und sich einen Fluss vorstellt, um sich zu entspannen. Es funktioniert gut bei ihr, sie wird augenblicklich ruhig. Mit etwas Übung werden Sie feststellen, dass es Ihnen immer leichter fällt, innere Bilder zu entwickeln. Sie finden Anleitungen hierzu in Handbüchern, die in die Technik der Selbsthypnose einweisen.[14] Das Ziel: Wenn Sie regelmäßig üben, können Sie Ihre Körpersignale und Gefühle irgendwann steuern, indem Sie sich auf Ihr inneres Bild konzentrieren. Nehmen wir an, Sie bemerken in einer kritischen Situation, wie die Angst in Ihnen hochkriecht und wie sich Ihr Nacken verspannt. Dann können Sie sich eine angenehme Situation aus der Vergangenheit vor Augen rufen, in der Ihre Körpersprache gelöst und locker war, vielleicht beim Tanzen. Mit einiger Übung lösen Sie so unmittelbar Ihre beginnende Verspannung. Bilden Sie also Ihre Vorstellungskraft weiter aus, um für Krisen gewappnet zu sein.

KNOW-HOW FÜR DEN FÜHRUNGSALLTAG

Es gibt viele Techniken zur Steuerung von Gedanken. Ein Therapeut hat Klienten von mir folgenden Rat gegeben: »Sie müssen immer um die 10 bis 20 Prozent Ihrer Aufmerksamkeit an einen kleinen Beobachter in Ihrem Gehirn abtreten, um auf Abstand zu gehen und zu sehen, was da mit Ihnen geschieht.« Der Therapeut hat natürlich recht, aber ist das realistisch? Viele Manager bringen es insbesondere unter Belastung nicht fertig. »Es hängt zu viel von dir ab, als dass du dir leisten kannst, weniger als 100 Prozent da zu sein. Du würdest es nicht anders packen«, hat dies ein Geschäftsführer einmal kommentiert.

Techniken, die Ihnen hier weiterhelfen, stammen aus dem Buddhismus. Zum Beispiel die »Arbeit mit dem inneren Zeugen«: Es geht darum, dass Sie sich Ihrer Gedanken bewusst werden, indem Sie auf Distanz gehen und erkennen, worauf sie zurückgehen. Dann ordnen Sie diese jeweils beispielsweise einem Gefühl zu nach dem Muster »Da ist ein Gedanke an Einsamkeit« oder »Da sind Sorgen um die Zukunft«.

In weiteren Schritten üben Sie, etwas anderes zu denken, beispielsweise indem Sie Ihre Aufmerksamkeit auf das »Hier und Jetzt« lenken.[15] Vielleicht stellen Sie dann fest, dass Ihnen trotz der sorgenvollen Gedanken gerade behaglich warm ist und Ihr Körper sich gut anfühlt. Sich auf den eigenen Körper zu konzentrieren schwächt die Kraft negativer Gedanken augenblicklich ab, denn ein Mensch kann immer nur einem Gedanken nachgehen, für mehr ist kein Platz. Sie können das auch praktizieren, indem Sie nicht zwei Dinge gleichzeitig tun. So empfiehlt der bekannte vietnamesische Mönch und Autor Thích Nhât Hạnh, sich auf jeden Handgriff einzeln zu konzentrieren – ganz gleich, ob Sie das Geschirr abspülen oder einen Bericht über die Lage Ihres Unternehmens verfassen.

Für ein gutes Umfeld sorgen

Manager machen eine Menge Fehler, wenn es um ihre Gesundheit geht. Viele treiben exzessiv Sport und ernähren sich gesund – und betreiben gleichzeitig kontinuierlich Raubbau am eigenen Körper. Wie passt das zusammen?

Spitzenmanager sind Ausnahmearbeiter, sie leisten Extremes im Job. Betrachtet man ihr Verhältnis zum Körper, kann man mit Fug und Recht sagen, dass sie auch darin extrem sind, was sie ihm zumuten. Ich kenne einige Vertreter des oberen Managements, die stolz darauf sind, ihr Schlafbedürfnis herunterzufahren. Ihnen reichen nach eigenem Bekunden vier Stunden. Andere essen grundsätzlich nur vor ihrer Tastatur, weil sie meinen, sonst zu viel Zeit zu verlieren. Mögen sie alle Workaholics sein – umgekehrt achten sie doch auf ihre Gesundheit, um beim hohen Tempo im Job dauerhaft mitzuhalten. Wie sonst ist zu erklären, dass viele von ihnen auf Reisen ihre Joggingschuhe im Gepäck haben? Am frühen Morgen sieht man sie ihre Kilometer abreißen, wenn es sein muss, auch um 3.00 oder 4.00 Uhr morgens, weil das Tagesprogramm sportliche Aktivität zeitlich nicht zulässt. Prinzipiell ist es gut, wenn Manager Sport treiben. Aber bei vielen meiner Klienten ist so eine Form von Gesundheitsbewusstsein schon ins Gegenteil umgeschlagen und sie treiben ihren Körper genauso unbarmherzig an seine Grenzen wie sich selbst im Job. Es gibt hierfür auch zahlreiche prominente Beispiele.

So bekennt der Bertelsmann-Chef Thomas Rabe offen, dass er seinen Körper trimmt, um ihn zu optimieren. Stolz gibt er seinen Körperfettanteil preis, der bei 8 Prozent liegt, was dem eines Profisportlers entspricht. Von ihm ist auch bekannt, dass er bei sportlichen Aktivitäten jede Woche eine selbstgesteckte Punktzahl erreichen will, die von der Belastung her zweieinhalb Marathons entspricht – wohlgemerkt neben seinem Pensum, das er als Topmanager leistet. Dabei ist Thomas Rabe nicht einmal ein Extrembeispiel für die Anhänger des Trends, den Körper bis zum Äußersten zu treiben. Besonders hartgesottene Manager in den USA gehen noch einen Schritt weiter und lassen sich Chips unter die Haut pflanzen, um den Körper zu optimieren. Biohacking lautet der Name für diesen noch in den Kinderschuhen befindlichen Trend.

Man könnte schlussfolgern, ein Topmanager, der zusätzlich zum wöchentlichen Arbeitspensum noch eine Gesamtdistanz von zweieinhalb Marathons läuft, sei ein Kandidat für den Burnout. Interessanterweise ist das Gegenteil der Fall. Unternehmensleiter sind weit weniger häufig davon betroffen als Führungskräfte der mittleren Ebene. Das liegt daran, dass sie an jedem Punkt selbst bestimmen können, wie weit sie gehen – beim Sport, vor allem aber auch im Berufsalltag. Das erspart ihnen Stress. Bei Managern der mittleren Ebene wird dagegen oft im Tagesgeschäft über deren Köpfe hinweg entschieden, und sie führen aus, was sie gar nicht wollen. Gerade das zehrt auf Dauer ihre Kräfte auf. Da hilft es dann auch nicht, noch so gesund zu leben und Sport zu treiben. Sie reiben sich zwischen den Fronten auf.

Halten wir fest: Auf den Körper zu achten ist wichtig – in

welchem Ausmaß, müssen Sie dabei für sich selbst entscheiden. Es sind drei Komponenten: regelmäßiges aerobes Körpertraining, guter Schlaf und gesunde Ernährung. So können Sie – das ist nachgewiesen – Ängsten vorbeugen und stabil kommende Krisen meistern. Die Themen Schlaf und Ernährung betrachten wir nun näher.

Wachen Sie regelmäßig erholt auf? Schlafen Sie schnell ein und sind Sie frisch am nächsten Tag, voller Energie und regeneriert? Guter Schlaf ist wichtig. Im Schlaf, genauer gesagt in den Tiefschlafphasen, wird das Wachstumshormon HGH ausgeschüttet, das ein Gegenspieler zum Insulin ist und an der Regulierung des Fettstoffwechsels mitwirkt. Der Körper entgiftet im Schlaf nicht nur – während des Schlafs finden auch Reparaturen im Körper statt. Wunden heilen besser und der Druck von den Bandscheiben weicht.[16]

FALLBEISPIEL

Das Gehirn macht weiter, während wir schlafen

Für die Studie eines Schlaflabors wurde ein Teilnehmer vor dem Einschlafen aufgefordert, die Umrisse geometrischer Figuren nachzuzeichnen. Dabei sah er seine stiftführende Hand spiegelverkehrt: Sie wurde von einem Holzkasten verdeckt, auf dem oberhalb ein Spiegel angebracht war, damit er der Bewegung folgen konnte. Je komplexer die Figuren wurden, umso schwieriger wurde es für den Probanden, sie nachzuzeichnen. Auch nach mehrmaligem Anlauf scheiterte er an der immer gleichen Stelle. Am nächsten Morgen fand der gleiche Versuchsaufbau statt, wobei es dem Teilnehmer gelang, da weiterzumachen, wo er abends aufgehört hatte. Und zwar auf Anhieb. Ohne zu zögern, zeichnete er die Umrisse der Figur nach. Ein typischer Vorgang, kommentierte der Studienleiter, der nur einen Rückschluss nahelegt: Das Gehirn hat den Vorgang über Nacht »geübt«.

Guter Schlaf ist wichtig – bei Managern ist er nicht immer selbstverständlich. Viele klagen über Schlafstörungen, sowohl über Ein- als auch Durchschlafstörungen. Auch William Broeksmit, ehemaliger Topmanager bei der Deutschen Bank, hatte vor seinem Suizid unter Schlafstörungen gelitten. Länger andauernde Schlafstörungen können sich negativ auf die Psyche auswirken. »Sie können keinen Stimmungswettbewerb gewinnen, wenn es Ihnen regelmäßig an Schlaf mangelt«, schreibt die Leiterin der Recovery Systems Clinic in Mill Valley, Kalifornien, Julia Ross in ihrem lesenswerten Buch *Was die Seele essen will: Die Mood Cure* – übrigens ein wichtiger Lesetipp für Manager, deren Vitalstoffhaushalt sich oft genug im Keller befindet.[17] Wenn sich Führungskräfte höherer Ebenen im Laufe der Jahre äußerlich stark verändern – ein Phänomen, das als Déformation professionnelle bekannt wurde –, ist Schlafmangel sicherlich ein maßgeblicher Faktor. Fotos von Führungskräften, die über mehrere Jahre entstanden sind, dokumentieren das.[18] Anlässlich des dreiundfünfzigsten Geburtstags des US-amerikanischen Präsidenten Barack Obama, der durchschnittlich um die vier Stunden schläft, kommentierten nicht wenige Zeitungen seine offenkundige »Müdigkeit« – und spielten damit nicht nur auf seine Präsidentschaft an. Aufnahmen von ihm zeigen deutlich, wie er in den ersten vier Jahren seiner Amtszeit gealtert ist.[19]

Das ist nur die harmloseste Auswirkung von Schlafmangel oder schlechtem Schlaf. Viel schlimmer sind die Krankheitsbilder, zu denen ein anhaltendes Schlafdefizit oder ein dauerhaft gestörter Schlaf führen kann. Der Auslöser mag tatsächlich ein konkretes belastendes Ereignis sein, das zu nächtlichem Grübeln führt. Hält die Schlafstörung an, kann sie sich allerdings verselbstständigen. Negative Gedankenspiralen können zu Depressionen führen: »Ich kann schon wieder nicht schlafen. Den Tag werde ich nicht überstehen.« Oder: »Ich werde verrückt werden.«

Anhaltende Schlafstörungen können sich zu einem »Hyperarousal«, einer permanenten Übererregtheit, auswachsen, wobei der Cortisolspiegel konstant erhöht ist. Je mehr dies abends und in der Nacht der Fall ist, desto häufiger wacht der Mensch auf. Er liegt zudem länger wach.[20] Hinzu kommt eine weitere hormonelle Veränderung, die das Ganze noch verstärkt: Das Schlafhormon Melatonin, das bei Dunkelheit gebildet wird und dem Körper signalisiert, dass es Zeit zum Schlafen ist, wird nur noch vermindert produziert. Die Folge: Bereits das Einschlafen fällt schwer, und es entsteht ein Kreislauf.

FALLBEISPIEL

Permanenter Schlafmangel – ein Teufelskreis

Laura H. ist Mitte vierzig und selbstständige Geschäftsführerin einer kleinen IT-Firma. Vorher war sie im oberen Management eines Unternehmens, das zu einem Konzern gehört. Arbeiten unter Druck war dort an der Tagesordnung. Sie war »eine von denen«, wie der Konzernchef einmal über sie sagte, eine Topperformerin. Laura H. erinnert sich an viele Bürotage, die bis Mitternacht dauerten, wobei sie um 7.00 Uhr morgens angefangen hatte zu arbeiten. Ihre Sekretärin hielt eine große Auswahl an Speisekarten irgendwelcher Lieferservices bereit, damit sie abends etwas zu essen bestellen konnte. »Es ist doch selbstverständlich, dass Sie bei einem Kundentermin am Abend vorher bis 22:00 bleiben, um die Vorbereitungen mit dem Team abzuschließen, das die Präsentation erstellt. Um 4.00 klingelt der Wecker, um den Flieger zu erreichen. So ist das halt in meiner Rolle. Da muss ja keiner mitmachen, ich mache das ja freiwillig«. Für Laura H. war dieser Lebensstil über viele Jahre selbstverständlich.

2006 wurde für Laura H. das Fahrwasser unerwartet unruhig, obwohl sie weiterhin sehr gute Leistungen im Konzern erbracht hatte. Ein Großprojekt bei einem Kunden lief gründlich schief und zog nicht nur Knebelverträge nach sich, sondern bedeutete auch massive Verluste. Zum körperlichen kam jetzt emotionaler Stress, denn die Konzernoberen machten jetzt richtig Druck. Anstatt ihr den Rücken zu stärken und sich hinter sie zu stellen, liefen nun wichtige Informationen aus dem Konzern an ihr vorbei. Ehe sie es sich versah, war die »Topperformerin« Laura H. aufs Abstellgleis gerutscht – und ein Fall für die Abfindung. Ihr Ausstieg aus dem Konzern zog sich über zwei Jahre hin. Sich mit dem Unternehmen zu einigen, war psychisch belastend, ein echter Nervenkrieg, der zwischen Anwälten ausgetragen wurde.

Womit sie aber nicht gerechnet hatte, war, dass ihr Körper Alarmsignale sendete, nachdem sie schon lange aus dem Konzern ausgeschieden und wieder erfolgreich und mit Freude als selbstständige Unternehmerin tätig war. Zuerst hatte sie, die immer viel Sport getrieben hatte, gelegentlich Atemnot. Jetzt saß sie manchmal im Taxi auf dem Weg zum Flughafen und hatte das Gefühl, nicht mehr genug Luft zu bekommen. Zeitgleich bekam sie massive Verspannungen im Nacken. Sie, die immer, wenn sie konnte, wie ein Uhrwerk acht Stunden durchgeschlafen hatte, wachte nun mitten in der Nacht mit Herzrasen auf. Während eines Termins mit einem Geschäftspartner, bei dem es um nichts Besonderes ging, war Laura H. äußerlich völlig ruhig. Sie merkte jedoch, wie ihr Körper SOS funkte: Es war, als würde Strom in überhöhter Voltzahl durch ihre Adern zirkulieren. »Ich habe weitergemacht.« Bis sie zusammenbrach, weil ihr Körper den Schlaf verweigerte. Immer wenn sie einschlafen wollte, schreckte sie hoch und war hellwach. Das zog sich über vier Tage und vier Nächte hin. Am Ende spürte Laura H. ihr Herz so deutlich rasen, dass sie als einziges Hilfsmittel aufs Joggen kam – um 4.00 Uhr morgens. Nur so hatte sie das Gefühl, Herzschlag und schnellen Atem in den Griff zu bekommen.

Laura H.s Zusammenbruch war, nachdem es einmal so weit gekommen war, nachhaltig. Die Geschichte ihrer Gesundung zog sich über einen Zeitraum von zwei Jahren hin. Sie lässt den Leidensdruck erahnen, unter dem Manager wie Broeksmit stehen. In beiden Fällen bewahrheitet sich etwas, das Stressforscher nur zu gut kennen: Es sind vor allem die negativen Begleiterscheinungen wie Konkurrenz, Ablehnung und Ausgrenzung, die

Topmanager erfahren, auf die der Körper bei Stress reagiert und die entzündliche Prozesse in Gang setzen.[21]

Kurzfristige Belastungen sind per se nicht schädlich. Gefährlich ist permanenter Druck, wie er auf Managern in der Krise lastet und der erst einmal verarbeitet werden muss. Leider geschieht dies allzu häufig nachts, und der Teufelskreis entsteht. Wenn es einmal so weit ist, ist es sehr aufwendig, diesen Teufelskreis mit Disziplin und unterschiedlichen Therapieformen zu durchbrechen und zu einem erholsamen Schlaf zurückzufinden. Die gute Nachricht dabei ist: Es gibt Wege, da herauszukommen, auch jenseits von Schlafmitteln. Ich halte Manager dafür sogar grundsätzlich gut aufgestellt, da sie es gewohnt sind, Kontrolle auszuüben.

Wer nur ab und zu schlecht schläft, kann einfache Mittel ausprobieren. Das Zauberwort hier lautet: konsequente Schlafhygiene. Dazu gehört, dass Sie zu festen Zeiten zu Bett gehen und aufstehen oder am Abend abschalten. Da Manager oft auf Reisen sind und erst spätabends im Hotel ankommen, können Schlafrituale, die sich in den Alltag einfügen und ortsunabhängig vor dem Schlafengehen angewendet werden können, noch nützlicher sein.

Ein Kunde von mir hielt vor dem Schlafengehen die Ereignisse des Tages in einem Journal fest. Er folgte dabei einem strengen Muster: Was war am Tag gut gewesen? Was war schlecht? Was wollte er beibehalten, was abstellen? Was war offengeblieben? Auf lange Sicht hatte er damit nicht nur einen Plan dafür, was er verbessern wollte. Gleichzeitig standen einige seiner Aktivitäten für den nächsten Tag fest und sein Kopf war frei, der Schlaf konnte kommen.

Nicht wenige Manager wenden Entspannungstechniken vor dem Einschlafen an. Ein Bekannter von mir schwört auf das »Sounder Sleep« System, das auf den Feldenkrais-Ansatz zurückgeht. Es umfasst eine Reihe von Mikrobewegungen, die tagsüber und während der Nacht ausgeführt werden können. Bei regelmäßiger Anwendung werden diese beruhigenden Übungen als Körpererfahrung verankert.

Wie schon bei den Entspannungstechniken müssen Sie bei den Maßnahmen zur Schlafhygiene ausprobieren, was für Sie am besten passt. Die gängige Empfehlung, starke körperliche Anstrengung am Abend zu vermeiden, mag für viele richtig sein. Ein Vorstandskollege schlief allerdings in der Regel besonders gut nach einem anstrengenden Squash-Spiel. Ein anderer schiebt jeden Mittag konsequent ein Nickerchen ein. Er schließt dafür sein Büro ab, lässt seine Sekretärin Besucher abblocken und legt sich auf seine Couch. 15 Minuten reichen, und er steht wie verwandelt wieder auf – geradezu energiegeladen. Bewundernswert ist das deshalb, weil er diesem »Mittags-Date« absolute Priorität einräumt: Die 30 Minuten sind in seinem Kalender reserviert, und alles andere ist tabu.

Woran können Sie feststellen, ob Maßnahmen gefruchtet haben und Sie für Ihre körperlichen Bedürfnisse ausreichend schlafen? Mitentscheidend ist, wie erholt Sie sich am Tag fühlen. Schlafmediziner werden Sie also nicht nur nach Ihrer Schlafqualität in der Nacht, sondern auch nach Ihrer Leistungsfähigkeit am Tag befragen. Somit ist Ihre Schlafdauer nicht das ausschlaggebende Kriterium, um Ihren Schlaf angemessen zu bewerten.

Völlig anders sieht die Sache in Fällen wie bei Laura H. aus. Wer unter ernsten Schlafstörungen leidet, hat meist jedes erdenkliche Mittel aus dem Bereich Schlafhygiene angewendet, in der Regel mit mäßigem Erfolg. Sie sollten dann einen Experten hinzuziehen.

FALLBEISPIEL

Ansätze bei permanentem Schlafmangel

Auf Laura H.s Zusammenbruch folgte eine über ein halbes Jahr andauernde Ursachenforschung. In dieser Zeit war sie größtenteils krankgeschrieben und suchte einen Arzt nach dem anderen auf. Die Diagnose der Allgemeinmediziner lautete Burn-out. Um in den Schlaf zu kommen, bekam sie, die noch nie Medikamente genommen hatte, Psychopharmaka verschrieben, leicht dosierte Antidepressiva oder Neuroleptika. Kurzfristig sorgten diese für Besserung, ließen jedoch bald in der Wirkung nach, weshalb sie sie schließlich absetzte.

Durch die Empfehlung einer Kollegin stieß Laura H. schließlich auf einen ganzheitlich orientierten Mediziner, der bei ihr einen Mangel des Schlafhormons Melatonin diagnostizierte. Eine Tablette, eine halbe Stunde vor dem Schlafengehen eingenommen, führte zur Besserung: Laura H. hatte jetzt zwischendurch Nächte, in denen sie wieder zwischen sechs und sieben Stunden schlief. Außerdem fühlte sie sich morgens erholt, sodass sie nach und nach wieder arbeiten konnte. Nach einigen Monaten war das Problem jedoch wieder da: Sie hatte den Eindruck, dass die Wirkung des Melatonins nachließ. Sie schlief wieder schlecht, wenn auch nicht so wenig und unruhig wie zuvor. Es war mittlerweile so, als führe ihr Körper ein Eigenleben. Ihr Schlaf war inzwischen komplett abgekoppelt von den Ereignissen des Tages. Es konnte sein, dass sie einen stressigen Tag gehabt hatte und schlief, ebenso war es möglich, dass sie im Urlaub nach einem erfüllten Tag die Nacht über wach lag.

Als Lösung stellte sich für Laura H. schließlich eine in Deutschland noch relativ unbekannte, der Orthomolekularmedizin zugehörige Therapie heraus, in der es um Nährstoffe und Nahrungsergänzungsmittel geht. Die Ursache für ihre Schlafprobleme wurde mithilfe von Labortests eindeutig bestimmt: Laura H.s Cortisolwert im Blut war kurz vor dem Schlafengehen weit höher, als er bei gesunden Menschen frühmorgens auf dem Höchststand ist. Außerdem waren ihre Nebennieren, welche die Hormonproduktion mit regulieren, durch die lange Zeit der Schlaflosigkeit geschädigt. Ihr half eine Kombination aus cortisolsenkenden Aminosäuren wie phosphorylisiertes Serin und Nahrungsergänzungsmitteln, um die Nebennieren aufzubauen: Damit trat erstaunlich rasch, schon nach drei Wochen, eine anhaltende Besserung ein.

Laura H.s erfolgreiche Genesung ist sicherlich nicht zu verallgemeinern. Sie zeigt aber, dass es alternative Wege jenseits der klassischen Lösung Schlaftablette oder schlafanregende Psychopharmaka geben kann. In Fällen schwerer Schlaflosigkeit bleibt Ihnen nichts anderes übrig, als eine fachkundige Beratung in Anspruch zu nehmen. Bei schweren Insomnien kann die Lösung darin bestehen, sich in die Hände von Spezialisten, Schlafmedizinern, zu begeben. Der Aufenthalt in einem Schlaflabor kann helfen. Was genau kann er bringen?

Rainer L., ein zweiundfünfzigjähriger Manager eines norddeutschen Logistikunternehmens, hat mehrere Nächte in einem Schlaflabor verbracht. Zum Zeitpunkt seines Besuchs hatte er bereits eine mehr als ein halbes Jahr andauernde »Karriere« aus ernsthaften Ein- und Durchschlafstörungen hinter sich. Nachstehend die Schilderung seiner subjektiven Erfahrungen als Antworten in einem Interview:

INTERVIEW

Wie war der Aufenthalt im Schlaflabor?

Die Unterbringung in einem Schlaflabor ähnelt der in einem Hotel. Der Zimmerstandard war bei mir erfreulich hoch. Es gibt einen Check-in, bei dem die Zuweisung des Zimmers erfolgt, parallel gibt es Informationen zu Organisatorischem wie die Einnahme der Mahlzeiten. Anwesenheit während des Tages ist nicht nötig. Der Tag kann also nach eigenem Gusto verbracht werden, auch außerhalb des Schlaflabors. Allerdings wird einem nahegelegt, nicht zu arbeiten. Festgelegt ist die Routine am Abend. Vor dem Einschlafen wird man ›verkabelt‹, es werden Elektroden an Armen, Beinen und am Kopf angebracht. Zur besseren Befestigung dient eine Haftcreme, vergleichbar mit Fimo, was wegen der Haare einigermaßen unangenehm ist. Die Kabel laufen in einem kleinen blinkenden Kasten zusammen, der mit einem Gurt im Brustbereich befestigt wird. Sämtliche Körpersignale werden darüber auf Monitore in einen

Leitstand hinein übertragen. Während der gesamten Nacht überwacht darin das Laborpersonal den Schlaf und registriert Fehlfunktionen. Noch vor dem Einschlafen beginnt man, ein Schlafprotokoll auszufüllen. Erfragt wird darin etwa die Stimmungslage vor Schlafbeginn oder der Grad der gefühlten Müdigkeit. Nach dem Aufwachen wird das Protokoll ergänzt um die Einschätzung der Einschlafdauer, der insgesamt in der Nacht mit Schlafen verbrachten Zeit und der aktuellen Befindlichkeit. Am Vormittag, nach Entfernung der Elektroden, kommt der zuständige Schlafmediziner, der die Daten aus der nächtlichen Überwachung mit den eigenen Angaben abgleicht.

Wie haben Sie den Aufenthalt im Schlaflabor insgesamt empfunden?
Es war schon komisch für mich, so runtergebremst zu werden. Auch wenn ich das Labor über den Tag verlassen konnte, war durch die Auflage, nicht zu arbeiten, alles anders. Da musste ich mich schon umstellen. Ich bin spazieren gegangen und habe mich in die Sonne gesetzt.

Hat Sie etwas überrascht?
Meine tatsächliche Schlafdauer war deutlich höher, als ich geschätzt hatte, und zwar um fast zwei Stunden. Das hat mich beruhigt, denn ich bekomme augenscheinlich doch mehr Schlaf, als ich dachte.

Hat Ihnen der Besuch im Schlaflabor geholfen?
Definitiv ja. Ich weiß jetzt, dass ich keine Anomalien habe, also keine Restless Legs, keine Aussetzer beim Atmen aufgrund von Schnarchen. Der Schlafmediziner hat sich viel Zeit genommen und mit mir Lösungen erarbeitet. Er hat außerdem meine bisherige Medikation angepasst, indem er mich auf ein weniger starkes Medikament umgestellt hat, nämlich ein leichtes schlafanregendes Antidepressivum.

Hat Ihnen der Aufenthalt im Schlaflabor dauerhaft geholfen?
Meine Erfahrung ist sicherlich nicht zu verallgemeinern. Das Labor war gut, und ich hatte noch zwei kürzere Folgetermine zur Nachbesprechung. Aber es ist zu keiner dauerhaften Betreuung gekommen. Meine Schlafprobleme sind weitergegangen, und ich musste da für mich durch. Das Antidepressivum allein war keine nachhaltige Lösung.

Wie auch im Beispiel von Laura H. gilt: Rainer L.s Erfahrung ist nicht zu verallgemeinern. Jeder Manager muss seinen eigenen Weg finden, mit diesem schwierigen Thema umzugehen.

Wenden wir uns nun noch der Ernährung zu – ein zweites viel diskutiertes Thema unter Managern, wenn es um gesunde Lebensführung geht. Gehören Sie auch zu den Managern, die sehr gesund leben, Vollkornprodukte essen und vegane Smoothies zu sich nehmen? Die Alkohol und Zigaretten in Maßen genießen, es bei maximal einem Bier oder einem Glas Rotwein ein bis zweimal pro Woche bewenden belassen?

Eine »richtige« Ernährung kann sich unmittelbar auf das Wohlbefinden auswirken. Nehmen Sie das Beispiel Koffein: Manche Menschen reagieren darauf empfindlich, andere nicht. Ein Kollege hat seine Ernährung umgestellt, nachdem er sich von einem Orthomolekularmediziner hat untersuchen lassen. Er schläft nun deutlich besser, seit er – schweren Herzens – komplett auf Kaffee, Tee und Cola verzichtet und auf Ingwerwasser umgestiegen ist. Statt weiter den abendlichen Espresso con crema zu genießen, erleichtert nun die gute alte heiße Milch mit Honig sein Einschlafen. Das bildet er sich nicht nur ein, denn Milch enthält die Aminosäure L-Tryptophan, einer der Bausteine des Schlafhormons Melatonin. Zum Durchschlafen verhilft dem Kollegen jetzt ein kleiner eiweißreicher Snack, den er direkt vor dem Schlafengehen einnimmt. Damit bekämpft er erfolgreich sein nächtliches Aufwachen zwischen 1.00 und 4.00 Uhr, das, wie er später erfahren hat, einem während der

Nacht stark abgesunkenem Blutzuckerspiegel zuzuschreiben war.

Manche Unternehmensleiter ernähren sich inzwischen prinzipiell gesund und achten auf eine gute Lebensführung. Sie leben es Ihren Mitarbeitern vor.

FALLBEISPIEL

Wenn Unternehmer gute Ernährung zum Prinzip erklären

Martin S. ist Inhaber und Geschäftsführer einer Biotech-Firma. Das Unternehmen befindet sich in einer Universitätsstadt und lebt vom engen Austausch mit der dort ansässigen Forschung. Es hat sich auf ein Geschäftsfeld spezialisiert: die Entwicklung der Vorstufen von Krebsmedikamenten. Martin S. ist Anfang fünfzig, Biologe und hat dem 2003 gegründeten Unternehmen zu beachtlichem Ruf in der Branche verholfen. Seine Mitarbeiter sind hoch qualifiziert, das Durchschnittsalter liegt um die dreißig, viele sind promoviert. Die direkte Rekrutierung von geeignetem Nachwuchs aus der Uni ins Unternehmen funktioniert gut: De facto sind es vom Hörsaal bis ins neben dem Campus befindlichen Büro nur knapp fünfhundert Meter.

Es gibt noch andere Unternehmen in Campusnähe, die in der Rekrutierung neuer Mitarbeiter nicht annähernd so erfolgreich sind wie Martin S. Liegt es am speziellen Tätigkeitsfeld, der Freiheit, sich die Arbeit einzuteilen, der guten Bezahlung? Das ist bei allen Firmen gleich. Um die Attraktivität seines Unternehmens für Bewerber zu erklären, muss man sich Martin S. selber anschauen. Äußerlich ist er ein Typ Rübezahl, ein Hüne von einem Mann, der in seiner Freizeit klettert und Bungee-Jumping liebt. Aber vor allem ist er der Prototyp eines nachhaltig wirtschaftenden Unternehmers. Ein Mann, der unermüdlich nach Wegen sucht, wie er für seine Beschäftigten nicht nur ein gutes Arbeitsklima schafft, sondern der sich auch um ihre Gesundheit kümmert. Einen Masseur verpflichten, der regelmäßig ins Unternehmen kommt? Da ist Martin S. weiter.

Die Mitarbeiter verbringen viel Zeit im Sitzen, also stellt er ihnen die besten ergonomischen Stühle bereit, die der Markt bietet. Work-Life-Balance ist kein Lippenbekenntnis – nach 18.00 Uhr ist kaum jemand im Unternehmen anzutreffen. Und ob die Arbeit im Büro oder im Homeoffice erledigt wird, entscheidet jeder selber. Das Steckenpferd von Martin S. aber ist gesunde Ernährung: Im Unternehmen finden regelmäßig Vorträge zum Thema statt. In der Firmenküche steht ein motorbetriebenes Ungetüm aus den USA, das sich erst auf den zweiten Blick als Mixer entpuppt. Auf Rückfrage erfährt man, dass es sich um nicht weniger als um den Rolls-Royce unter den Küchenmixern handelt, genannt Vitamix, im Handel frei erhältlich für rund 600 Euro. Ideal geeignet, um tagein, tagaus cremige grüne Smoothies herzustellen. Das erforderliche Obst und Gemüse wird der Belegschaft kostenlos zur Verfügung gestellt: Der Kühlschrank ist prall gefüllt mit biologisch angebautem »Mixer-Input«. Spricht man Martin S. darauf an, leuchten seine Augen, und er preist durchaus exotisch anmutende Ernährungsvariationen – zum Beispiel rohe Eier – als Zutat für grüne Smoothies an.

Es gibt gerade im Bereich Ernährung unendlich viele Spielarten und Glaubensrichtungen. Auch an dieser Stelle der Appell an Sie, sich ausführlich damit zu beschäftigen und herauszufinden, was zu Ihnen passt – ob Sie grünen Tee trinken, der gut gegen freie Radikale ist, oder täglich Kurkuma zu sich nehmen wie ein befreundeter Geschäftsführer, der hofft, damit Krebs vorzubeugen. Ein pauschales Ernährungsprogramm ist kaum vorstellbar. Dennoch ein Rat an Sie als authentisch führender Manager: Investieren Sie Zeit, um ein gutes Gefühl für die Bedürfnisse Ihres Körpers zu entwickeln. Denn der eigene Körper sagt uns schon sehr genau, was wir brauchen – wenn wir denn gelernt haben, auf seine Stimme zu hören. Probieren Sie so viele der genannten Techniken wie möglich aus und stellen Sie sich ein Übungsprogramm zusammen. Es hilft schon, wenn Sie es nur zehn Minuten täglich durchführen. Vielleicht gelingt Ihnen damit ja auch eines

Tages, was der Inhaber einer Fitnessstudiokette mit insgesamt zweihundert Angestellten geschafft hat: Gerade fünfzig geworden, sieht er aus wie Mitte dreißig und ist biegsam wie eine Katze. Wie ist ihm das gelungen? Er hat sich aus echtem Interesse mit dem Thema Gesundheit beschäftigt – und ist sein bester Kunde.

Zu guter Letzt

AUA! – Eine Krise zu stemmen tut weh! Wenn Sie Topmanager sind, müssen Sie gerade dann, wenn es hoch hergeht, einen kühlen Kopf bewahren. Sonst werden Sie leider – anders als das erwähnte Kätzchen in der Einleitung zu diesem Buch – vom Alligator »Krise« gefressen, sprich: Sie gehören dann zu den achtzig Prozent der Unternehmensleiter, die in einer existenzbedrohenden Krise ausgetauscht werden.

Die Krisenbewältigung verlangt Ihnen alles ab. Sie müssen Maßnahmen aus drei Phasen, aus Abbau, Umbau, Aufbau, kurz: AUA, einleiten. Die Einschnitte, die Sie dabei vornehmen müssen, tun besonders weh. Dazu gehören Maßnahmen, die Sie sofort zur kurzfristigen Liquiditäts- und Ergebnissicherung durchsetzen müssen. Sie müssen aber auch eine Vision für das »neue« Unternehmen nach der Krise verkünden und gewinnen dabei meist nicht nur Freunde in der Belegschaft. Ein Beispiel: Der Geschäftsbereich XY, der zuletzt nur Verlust einbrachte, soll geschlossen werden. Wie gehen Sie damit um, wenn nicht nur der Betriebsrat, sondern auch noch Gewerkschaftsvertreter und Presseleute Sturm gegen Ihre Pläne laufen, Anfeindungen gegen Sie persönlich inklusive?

AUA! Kein Wunder, dass Krisen maximal stressig sind. Die wenigsten Manager, die ich in achtzehn Jahren Beratungspraxis erlebt habe, lässt es kalt, solche harten Einschnitte beziehungsweise Entlassungen vorzunehmen. Meist hat sich der damit verbundene Stress bei ihnen auch körperlich ausgewirkt. Für Sie selber kann es deshalb leicht »Mayday aus der Chefetage« heißen. Wenn Sie nicht aufpassen, kann Ihre Gesundheit dauerhaft Schaden nehmen.

Die KrisenBalance©-Methode, die ich Ihnen im Buch vorgestellt habe, hilft Ihnen, diesen »Zug anzuhalten«. Das Fundament der Methode ist Authentizität – authentisch sein verschafft Ihnen Vertrauen, und Sie gewinnen Verbündete im Überlebenskampf Ihres Unternehmens. Von da aus können Sie aufbauen. Eine kühle Ratio, sprich: eine Vorgehensweise, um Komplexität zu reduzieren und objektiver zu entscheiden, hilft Ihnen, sich nicht im Dickicht der Informationen zu verlieren, die auf Sie einprasseln werden. Und zu guter Letzt: Ihr größter Feind bei der Krisenbekämpfung sind nicht die anderen – das sind Sie selber. Ängste können Ihnen die Sinne vernebeln und Sie handlungsunfähig machen. Wählen Sie also Ihre persönliche Körperstrategie aus diesem Buch aus, um einen kühlen Kopf zu behalten.

Besser machen!

Wie ein Fels in der Brandung Krisen durchstehen? Trotz aller Härten und Einschnitte, die Sie vornehmen müssen – und oft genug bleibt Ihnen nicht wirklich eine Wahl –, und dabei auch noch Mensch bleiben? Das ist nicht einfach. »Es gibt nur wenige Vorstandsvorsitzende, die den Eindruck vermitteln, eine authentische, in sich ruhende Persönlichkeit zu sein«, konstatiert der Unternehmensberater Klaus-Peter Gushurst.[1] Es geht aber, wie das Beispiel von Harald L. zeigt, den Sie oben kennengelernt haben. Für ihn hat der Weg dahin über eine lebensbedrohliche Krankheit geführt. Sie hat seine Sicht auf die Welt verändert. Nachdem er aus dem Krankenhaus entlassen wurde, hat er eines getan: Er hat seine Rolle an der Firmenspitze anders ausgestaltet. Und vor allem: Er hat das Steuer in die Hand genommen, er war kein Getriebener mehr. Er konnte mit der Gelassenheit desjenigen handeln, der weiß, dass es auch noch etwas anderes – Wichtigeres – im Leben gibt.

Das ist der überhaupt der Kern, um den es geht, wenn Sie Krisen erfolgreich durchstehen wollen: Darum, nicht mehr getrieben zu sein, darum, sich zurückzulehnen und mit Abstand auf die Dinge zu schauen, auch wenn es brenzlig wird. Einen kühlen Kopf zu bewahren. Wenn Sie der KrisenBalance©-Methode folgen, erkauft Ihnen das Zeit. Verbündete zu gewinnen, schafft Spielraum; mit kühlem Kopf zu entscheiden, erhöht Ihre Chance – frei nach Peter F. Drucker –, »die richtigen Dinge richtig zu tun«. Ängste im Zaum zu halten, verschafft Ihnen überhaupt erst die Handlungsfähigkeit, die Sie so dringend brauchen. Arbeiten Sie an sich selber in allen drei Bereichen. Werden Sie nicht so wie der Achtunddreißigjährige aus dem Fallbeispiel, der aussah wie sechzig und der keinen anderen Ausweg mehr sah, als ganz auszusteigen. Vergessen Sie nicht, dass es um mehr geht, als um der Krise Herr zu werden: Es geht um Sie und darum, sich selber zu schützen. Ich wünsche Ihnen, dass Sie dem Alligator Krise erfolgreich die Stirn bieten.

Anmerkungen

Sämtliche hier angegebenen Links datieren vom 01. 07. 2015

»Ene mene muh und weg bist du«

1 Die Zahlen über Topmanager, die im Laufe von Unternehmenskrisen ausgetauscht werden, geben Autoren aus der betriebswirtschaftlichen Krisenforschung seit den frühen Achtzigerjahren fast durchgängig mit 70 bis 80 Prozent an. Vgl. hierzu Holger Buschmann, Erfolgreiches Turnaround-Management, Wiesbaden/St. Gallen 2006, S. 232, der in 78 Prozent aller Krisenbewältigungen von einem Austausch der Unternehmensleitung spricht, sowie frühe Forscher wie Donald B. Bibeault, Corporate Turnaround. How Managers Turn Losers into Winners!, New York 1982, S. 93, der von einem Ersetzen des Managements in sieben von zehn Fällen ausgeht, sowie Rainer Müller, Krisenmanagement in der Unternehmung. Vorgehen Maßnahmen und Organisation, Frankfurt a. M., 2. Auflage 1986, S. 107.

2 Bereits im normalen Firmenalltag, sprich ohne Krisenbewältigung, müssen viele CEOs ihr Unternehmen unfreiwillig verlassen. Vgl. hierzu den Blogbeitrag von Claudia Tödtmann auf dem Portal der *Wirtschaftswoche* vom 21. April 2015, Titel: »Vorstandschefs. Jeder fünfte CEO wurde vom Hof gejagt – mindestens«, abzurufen unter http://blog.wiwo.de/management/2015/04/21/vorstandschefs-jeder-funfte-ceo-wurde-vom-hof-gejagt-mindestens/.

3 Vgl. Lars Taimer, Verhaltensorientiertes Sanierungsmanagement, Düsseldorf 2007, S. 4, sowie die von ihm angeführte Expertenbefragung von Stefan Müller und Katja Gelbrich,

Expertenbefragung Insolvenzplanverfahren 2001, i. A. der Sächsischen Aufbaubank Dresden, TU Dresden, Lehrstuhl für Marketing, 2001. Dieser empirischen Untersuchung zufolge beträgt die durchschnittliche Erfolgsquote von Unternehmenssanierungen nur knapp über 50 Prozent und ist in einem Zeitraum von zehn Jahren seit 1991 nicht wesentlich gestiegen.

4 Zu den Selbstmorden der Manager Pierre Wauthier und Carsten Schloter vgl. etwa den Artikel in *Die Zeit* vom 15. Februar 2014 von Dorit Kowitz u. a., »Manager unter Druck«, sowie den Artikel in der *Wirtschaftswoche* vom 10. Februar 2015, »Höllenjob Vorstand«, abzurufen unter http://www.wiwo.de/erfolg/management/einsame-spitze-hoellenjob-vorstand/11336286.html, ferner den Artikel in der *Welt* vom 07. 09. 2013 von Sven Clausen und Inga Michler, »Jeder dritte Chef ist ein harter Hund«, abzurufen unter http://www.welt.de/wirtschaft/article119800375/Jeder-dritte-Chef-ist-ein-harter-Hund.html?config=print .

5 Vgl. den Podcast »New Capitalism? Wie die permanente Krise unser Denken über uns Wirtschaftssystem verändert«. Sendung von Paul-Philipp Hanske, 22. 05. 2011, abzurufen über die ARD-Mediathek (www.ardmediathek.de).

6 Vgl. »Anders wirtschaften« von Rosabeth Moss Kanter, erschienen im *Harvard Business Manager*, Februar 2012, S. 27–39.

7 »Glauben Sie, dass ein Weichei ein so großes Unternehmen wie die Bahn führen kann?« Diese Rückfrage stellte Hartmut Mehdorn in einem Interview in: Barbara Nolte und Jan Heidtmann, Die da oben. Innenansichten aus deutschen Chefetagen, Frankfurt a. M. 2009, S. 29–47.

Manageralltag = Dauerkrise? Überlebensstrategien der Chefs

1 Vgl. »Manager unter Druck«, a. a. O.

2 »Wegen der Neigung des Kreuzfahrtschiffs bin ich in ein Rettungsboot gerutscht«, behauptete der Kapitän Francesco

Schettino, nachdem sein Schiff am 13. Januar 2012 vor der toskanischen Insel Giglio auf einen Felsen gelaufen war. Vgl. »Die 9 unglücklichsten Sprüche des Chaos-Kapitäns Schettino redet sich um Kopf und Kragen«, vom 04.12.2914, abzurufen unter focus online http://www.focus.de/panorama/welt/schettino-menschen-schreien-auch-in-achterbahnen-die-9-unglueclichsten-sprueche-des-chaos-kapitaens-der-costa-concordia_id_4321840.html.

3   Vgl. die Rezension des 2013 veröffentlichten Buchs von Robert Grünwald: Die Turbostudenten. Die Erfolgsstory. Bachelor plus Master in vier statt elf Semestern, erschienen in *Die Zeit*, 11. Juli 2013, unter dem Titel »Studieren im Schnelldurchlauf. Zum Master in 20 Monaten«, abzurufen unter dem Link http://www.zeit.de/studium/hochschule/2013-07/turbo-studenten-buchauszug/komplettansicht.

4   Vgl. Mihály Csikszentmihályi, Flow. Das Geheimnis des Glücks, aus dem Amerikanischen übersetzt von Annette Charpentier, Stuttgart: 17. Auflage 2014, S. 281.

5   Vgl. das Interview mit dem Ex-Telekom-Chef Kai-Uwe Ricke in: Nolte, Die da oben, a. a. O., S. 18.

6   Vgl. das Interview mit dem Exvorstand und Aufsichtsrat des Reifenherstellers Continental Hubertus von Grünberg in: Die da oben, a. a. O., S. 160.

7   Vgl. Lutz von Rosenstiel, »Führungskräfteentwicklung. Einige historische Perspektiven«, in: Jürgen Mühlbacher (Hrsg.), Management Development. Wandel der Anforderungen an Führungskräfte; Festschrift für Helmut Kasper zum 60. Geburtstag, Wien 2009, S. 11.

8   Vgl. zum Verhältnis von Aufsichtsräten und Vorstand den Artikel »Höllenjob Vorstand«, a. a. O.

9   Vgl. Dietmar Hawranek, »Aufsichtsräte attackieren VW-Boss. Ich bin auf Distanz zu Winterkorn«, SPIEGEL ONLINE vom 10. 04. 2015, abzurufen unter http://www.spiegel.de/wirtschaft/unternehmen/volkswagen-ag-ferdinand-piech-kritisiert-martin-winterkorn-

a-1027921.html, sowie »Götterdämmerung« in: *Der Spiegel*, 16, 2015.

10 Vgl. zu Topmanagementteams in deutschen Aktiengesellschaften Stephan Bültel, Effektivität von Top Management Teams, Potsdam 2009, sowie zu internationalen Teams Carpenter, Andrew Mason u. a., Handbook of Research on Top Management Teams, Cheltenham, Northampton, MA 2011.

11 Vgl. »Manager unter Druck«, a. a. O.

12 Ebd.

13 Vgl. das Interview mit Vorstandsvorsitzenden der ehemaligen MAN-Tochter Ferrostaal Matthias Mitscherlich in: Die da oben, a. a. O., S. 108.

14 Vgl. Jim Collins, Der Weg zu den Besten, Frankfurt a. M. 2011, S. 36–46.

15 Vgl. Daniel Rettig, »Psychopathen in der Chefetage«, in: *Wirtschaftswoche*, 21. September 2011.

16 Vgl. Anke Houben und Kai W. Dierke, »Warum harte Hunde gefährlich sind«, in: *Harvard Business Manager*, 8. Oktober 2013.

17 Meine eigenen Beobachtungen stimmen mit dem überein, was die Forscherin Ursula Wagner bei einer Umfrage unter 267 Managern aus verschiedenen Branchen sowie Unternehmensgrößen herausgefunden hat. Vgl. »Jeder dritte Chef ist ein harter Hund«, a. a. O.

18 Vgl. Thomas Schulz, »Das Morgenland«, in: *Der Spiegel*, 10, 2015.

19 Vgl. die Pressemitteilung, die von der Wertekommission zu der Führungskräftebefragung 2014 herausgegeben wurde, abzurufen unter www.wertekommission.de/presse

20 Vgl. Catharina Decker und Niels Van Quaquebeke, »Getting Respect from a Boss You Respect. How Different Types of Respect Interact to Explain Subordinates' Job Satisfaction as Mediated by Self-Determination«, in: *Journal of Business Ethics*, 20. Juli 2014. Vgl. auch die Bewertung der Haufe Akademie zu

der Studie der Kühne Logistics Universität in Hamburg, nachzulesen in einer Eigenpublikation der Haufe Akademie vom
13.08.2014 mit dem Titel »Diven im Topmanagement: Mitarbeiter verzeihen respektloses Verhalten nicht«, abzurufen
unter http://www.haufe.de/personal/hr-management/fueh-
rung-topmanagern-wird-respektloses-verhalten-nicht-verzie-
hen_80_268218.html?print=true.
21 Vgl. Fredmund Malik, Management für eine neue Zeit, aus
der Reihe: Die Malik ManagementSysteme, Frankfurt a. M./
New York 2012, Abschnitt »Konstanten im Wandel: Invarianz,
Selbstorganisation, Evolution«.
22 Vgl. Cara Capretta u. a., »Executive Derailment. Three Cases in
Point and How to Prevent it«, in: *Global Business and Organiza-
tional Excellence*, Jg. 27, 2007, Nr. 3, S. 48–56, S. 48. Der Fachbegriff für dieses Phänomen lautet »Executive Derailment«, also
die »Entgleisung« von Executives. Gründe sind beispielsweise
mangelnder Erfolg beim Aufbau von Führungsteams oder das
Verfehlen des angestrebten Unternehmensergebnisses. Vgl.
weiterhin Robert B. Kaiser u. a.: »Differences in Managerial
Jobs at The Bottom, Middle, and Top. A Review of Empirical
Research«, in: *The Psychologist-Manager Journal*, Bd. 14, Nr. 2,
2011, S. 76–91, S. 83 ff.
23 Vgl. »Was Chefs mit Psychopathen gemein haben«, a. a. O.
24 Ebd.
25 Vgl. Ralf Loeber und Ralf Strehlau, »Der Mitarbeiter als strategischer Erfolgsfaktor in Krisenzeiten. Projekterfahrungen zur
Gestaltung einer erfolgreichen Mitarbeiterkommunikation«,
in: *Krisen-, Sanierungs- und Insolvenzberatung*, 2010, Bd. 6,
Heft 2, S. 77–80.
26 Die Bezeichnung »Duck and Cover« habe ich öfter aus dem
Mund von Topmanagern gehört, die über das Verhalten ihrer
Mitarbeiter in der Krise sprachen. Der Begriff meint ursprünglich etwas ganz anderes: Ein Betroffener versucht, sich gegen
die Auswirkungen einer nuklearen Explosion zu schützen,

indem er sich unter einem Tisch oder einem anderen festen Gegenstand verkriecht und abwartet.

AUA – eine Krise stemmen tut weh

1 Vgl. Wilfried Krüger, Excellence in Change, Wiesbaden, 4. Auflage 2009, S. 112: »Überlebenswichtig werden ›AUA-Projekte‹, wenn es um die Bewältigung von Unternehmenskrisen geht (Sanierungsfälle).«

2 Vgl. Julia Hornstein, Modellgestützte Optimierung des Führungsstils während eines Turnarounds, Wiesbaden 2009, S. 63. Vgl. weiterhin eine grundlegende Publikation aus dem Forschungszweig der Strategic Leadership: Donald Hambrick und Steven M. Schecter, »Turnaround Strategies for Mature Industrial-Product Business Units«, in: *Academy of Management Journal*, 1983, Jg. 26, Heft 2, S. 231–248, S. 238.

3 Vgl. Donald B. Bibeault, a. a. O., S. 112.

4 Vgl. zur Notwendigkeit von Sofortmaßnahmen in dieser ersten Phase einer Sanierung beispielsweise Anja Bergauer, Führen aus der Unternehmenskrise, Berlin 2003, S. 179, Stefan Mayr, Stakeholdermanagement in der Unternehmenskrise, Wiesbaden 2009, S. 175, Ulrich Hommel u. a., Handbuch Unternehmensrestrukturierung, Wiesbaden 2006, S. 34, Holger Buschmann, a. a. O., S. 69 ff., Ulrich Krystek und Ralf Moldenhauer, Handbuch Krisen- und Restrukturierungsmanagement, Stuttgart 2007, S. 145 ff., Jan Clasen, Turnaround Management für mittelständische Unternehmen, Wiesbaden 1992, S. 235.

5 Vgl. zur Erstellung eines Sanierungskonzepts beispielsweise Johannes Klein, Anforderungen an Sanierungskonzepte: Analyse bestehender Anforderungen und Leitfaden zur zukünftigen Ausgestaltung von Sanierungskonzepten, Wiesbaden 2008, sowie der Artikel von Markus Sendel-Müller, »Behavioral Turnaround-Management: Gefährdung des Turnarounds durch Wahrnehmungsverzerrungen«, in: *Krisen-, Sanierungs- und Insolvenzberatung*, Heft 6, 2007. S. 262–267. Er zeigt, in

welcher Phase des Turnarounds das Sanierungskonzept entsteht.

6 Vgl. Björn Böckenförde, Unternehmenssanierung, Stuttgart 2. Auflage 1996, sowie Manfred Kets de Vries, Manfred und Katharina Balazs,»Die menschliche Seite des Personalabbaus«, in: *OrganisationsEntwicklung*, 1996, Heft 4, S. 4–18. Beide haben sich bereits Mitte der Neunzigerjahre dafür ausgesprochen, das Sanierungsszenario um weiche Faktoren zu erweitern. Vgl. aus der neueren Literatur beispielsweise Lars Taimer, a. a. O.

7 Vgl. Thomas Mackenbrock und Ingo Pies, Turnaround-Management und Vertrauen: Erfolgreiche Interaktionsgestaltung in unternehmerischen Krisensituationen, Berlin 2006, S.2, sowie Lars Taimer, a. a. O., S. 4 und die von ihm angeführte Expertenbefragung von Stefan Müller und Katja Gelbrich, a. a. O.

8 Vgl. Andreas Pinkwart u. a., Unternehmen aus der Krise führen: Die turnaround-balanced scorecard als ganzheitliches Konzept zur Wiederherstellung des Unternehmenserfolgs von kleinen und mittleren Unternehmen, Stuttgart 2005, S. 71.

9 Vgl. Thomas Mackenbrock und Ingo Pies, Ingo, a. a. O., S. 31.

10 Vgl. Gerd Waschbusch und Markus Sendel-Müller,»Wenn die Technokratie versagt: Zum Umgang der Betriebswirtschaftslehre mit Unternehmenskrisen«, in: *Zeitschrift für Organisationsentwicklung*, Jg. 2009, Heft 3, S.17–26, hier: S.20, sowie Ralf Loeber und Ralf Strehlau,»Der Mitarbeiter als strategischer Erfolgsfaktor in Krisenzeiten. Projekterfahrungen zur Gestaltung einer erfolgreichen Mitarbeiterkommunikation«, in: *Krisen-, Sanierungs- und Insolvenzberatung*, 2010, Bd. 6, Heft 2, S.77–80, S.77, und Rudolf Wimmer,»Kraftakt radikaler Umbau: Change Management zur Krisenbewältigung«, in: *OrganisationsEntwicklung*, 2009; Heft 3, S. 4–11, S. 6.

11 Vgl. Andrea Bittelmeyer,»Vom Wert der Wertschätzung«, in: *managerSeminare*, 2009, Heft 138, S.20–26. Der ehemalige

Liqui-Moly-Chef Ernst Prost geriet Jahre später allerdings in die Schlagzeilen, weil ihn interne Unterlagen aus dem Unternehmen als herrschsüchtig, nachtragend und herablassend entlarvten. Vgl. etwa den Artikel im *Stern* von Malte Arnsperger und Norbert Höfler, » Ein Chef mit zwei Gesichtern«, 2012, abzurufen online unter: http://www.stern.de/panorama/ liqui-moly-boss-beleidigt-mitarbeiter-ein-chef-mit-zwei-gesichtern-3675370.html. Das Beispiel zeigt, dass das Selbstbild eines Chefs erheblich von der Wahrnehmung seiner Mitarbeiter abweichen kann.

12 Vgl. Winfried Berner, Change! 15 Fallstudien zu Sanierung, Turnaround, Prozessoptimierung, Reorganisation und Kulturveränderung. Stuttgart 2011, S.106.

13 Vgl. zur Rolle des Mittelmanagements als Träger einer Sanierung Stefan Mayr, a.a.O., sowie den älteren Artikel von Manfred Kets de Vries und Katharina Balazs, a.a.O., S.4–18.

14 Vgl. Interview mit dem BASF-Chef Jürgen Hambrecht in: Die da oben, a.a.O., S.168.

15 Vgl. Andreas Pinkwart u.a., a.a.O., S.72.

16 Vgl. Karl-Josef Kraus und Sven Gless,»Unternehmensrestrukturierung/-sanierung und strategische Neuausrichtung«, in: Andrea K. Buth und Michael Hermanns (Hrsg.), Restrukturierung, Sanierung, Insolvenz, München 2004, S.115–146, S.124, sowie Michael Blatz und Ralph Kudla,»Ganzheitliche Restrukturierung«, in: Ulrich Hommel u.a. (Hrsg.): Handbuch Unternehmensrestrukturierung. Grundlagen – Konzepte – Maßnahmen, Wiesbaden 2006, S.129–155, S.143.

17 Krisenforscher sprechen von Multiplikator- und Akzeleratoreffekten, das heißt mit zunehmender Andauer der Krise verstärken sich verschiedene Krisenursachen und -wirkungen. Vgl. Björn P. Böckenförde, Unternehmenssanierung, Stuttgart 2. Auflage 1996, S.29, sowie Andreas Pinkwart u.a., a.a.O., S.17.

18 Vgl. Andreas Pinkwart u.a., a.a.O., S.63, sowie zur Gefahr,

Mitverursacher einer Krise wahrgenommen zu werden, Andreas Pinkwart a. u.,»Durch Krisen lernen«, in KSI, 2007, Jg. 3, Heft 1, S. 5–10.

Gefahr für Leib und Leben!

1 Vgl. Manfred Kets de Vries und Katharina Balazs, a. a. O., S. 4–18.
2 Ebd., S.13.
3 Ebd., S.12.
4 Vgl. Jan Heidtmann,»Deutschlands beste Köpfe«, in: *Süddeutsche Zeitung Magazin*, Heft 25/2008, abzurufen unter http://sz magazin.sueddeutsche.de/drucken/text/25161.
5 Vgl. etwa Kerstin Bialdiga,»Karstadt schließt sechs Filialen«, in: *Süddeutsche Zeitung*, 23. Oktober 2014, abzurufen unter http://www.sueddeutsche.de/wirtschaft/2.220/sanierung-karstadt-schliesst-sechs-filialen-1.2189091.

Die KrisenBalance©-Methode: Kill the Crisis Before it Kills You!

1 Vgl. Sydney Finkelstein u. a., Strategic Leadership. Theory and Research on Executives, Top Management Teams, and Boards, New York, NY 2009, S. 20. Es handelt sich um eine sogenannte »weak situation«. Das Konzept von Mischel stammt aus dem Jahr 1968. Vgl. hierzu auch Annelen Collatz, Zur Relevanz von Persönlichkeit und deren adäquater Erfassung im Bereich des Topmanagements. Bochum, 2006, Univ. Diss., S. 21:»In schwachen Situationen gewinnen die Personenvariablen an Relevanz, so dass der Personenfaktor auf das jeweilige Verhalten einen größeren Einfluss besitzt.«
2 Vgl. den Artikel,»Jeder dritte Chef ist ein harter Hund«, a. a. O.

Authentisch sein – Vertrauen schaffen, Verbündete gewinnen

1 Vgl. Artikel im *CIO* vom 28.12.2012 von Andrea König,»Führungskräfte sollen Werte stärker vorleben«, abzurufen unter http://cio.de/2899917. Der Artikel beruft sich auf die

Ergebnisse der Studie »Leadership im Topmanagement deutscher Unternehmen« der Unternehmensberatung Rochus Mummert, die unter zweihundertzwanzig Angestellten und Führungskräften großer und mittelständischer Unternehmen durchgeführt wurde (siehe auch nachstehend).

2 Vgl. ebd.

3 Vgl. Bernd Sonne und Reinhard Weiß, Einsteins Theorien: Spezielle und Allgemeine Relativitätstheorie für interessierte Einsteiger und zur Wiederholung, Berlin/Heidelberg 2013, S.73.

4 Vgl. Rainer Niermeyer, »Echtsein macht erfolglos«, in: *managerSeminare*, Dezember 2008, Heft 129, S. 32.

5 Vgl. Sven Brodmerkel, »Wann sind Manager echt«, in: *managerSeminare*, April 2007, Heft 109, S. 45.

6 Vgl. zum Thema ethischer Prinzipien in der Führung Jörg Felfe, Mitarbeiterführung, Göttingen 2009, S. 50 ff., sowie Rainhart Lang und Irma Rybnikova, Aktuelle Führungstheorien und -konzepte, Wiesbaden 2014, S. 322, weiterhin Werner Sagres u. a., Managementdiagnostik, Göttingen 2013, S. 345 ff.

7 Vgl. Richard Wiseman, Machen, nicht denken!, Frankfurt a. M. 2014, S. 293.

8 Vgl. Rainer Schützeichel, Sinn als Grundbegriff bei Niklas Luhmann, Frankfurt a. M./New York 2003, S. 116 sowie Rainer Greshoff, Die theoretischen Konzeptionen des Sozialen von Max Weber und Niklas Luhmann im Vergleich, Opladen/Wiesbaden 1999, S. 108 ff.

9 Vgl. Ulrich Krystek und Ralf Moldenhauer, a. a. O., S. 262–267, vgl. weiterhin Lars Taimer, a. a. O., sowie Markus Sendel-Müller, a. a. O., S. 262–267, weiterhin Birgit Gregor, »Die Führungspersönlichkeit in der Unternehmenskrise«, in Lutz Becker, Johannes Ehrhardt und Walter Gora (Hrsg.): Führen in der Krise: Unternehmens- und Projektführung in schwierigen Situationen, Düsseldorf 2009, S. 53–90, und Olaf Arlinghaus und Kerstin Eickmeier, »Personalführung und -bindung in der

Phase des Turnaround-Managements«, in: Olaf Arlinghaus (Hrsg.), Praxishandbuch Turnaround Management: Liquidität sichern, Kosten senken, Wachstum steigern, Insolvenz vermeiden, Wiesbaden 2007, S. 159–184.

10 Vgl. Frans de Waal, Das Prinzip Empathie: Was wir von der Natur für eine bessere Gesellschaft lernen können, München 2011. Vgl. zum Thema auch Jeremy Rifkin, Die empathische Zivilisation: Wege zu einem globalen Bewusstsein, Frankfurt a. M./New York 2011, S. 81.

11 Vgl. Rainer Traub, »Rätselhafte Herdentiere«, in dem Magazin *Der Spiegel Wissen*, Januar 2009, abzurufen unter http://www.spiegel.de/spiegel/spiegelwissen/d-65115061.html.

12 Vgl. zu den verschiedenen Arten von Empathie zum Beispiel Christian Keysers, Unser empathisches Gehirn. Warum wir verstehen, was andere fühlen, München 2013, sowie zum Unterschied zwischen kognitiver und affektiver/emotionaler Empathie Frank M. Staemmler, Das Geheimnis des Anderen – Empathie in der Psychotherapie. Wie Therapeuten und Klienten einander verstehen, Stuttgart 2009, S. 42 ff., sowie weiterhin Klein, Stressbewältigung, Empathie und Zufriedenheit in der Partnerschaft, Hamburg 2009, S. 72 ff.

13 Vgl. hierzu Ingeborg Breuer, »Warum wir mitfühlen und mitleiden«, in: Deutschlandfunk, 02.10.2014, abzurufen unter http://www.deutschlandfunk.de/das-soziale-gehirn-warum-wir-mitfuehlen-und-mitleiden.1148.de.html?dram:article_id=299380. In diesem Beitrag wird der Psychologe Manfred Spitzer zitiert, der sich zu den Grenzen von Mitleiden äußert.

14 Vgl. Birger Menke, »Wiederkehr der Demut: Ergebt euch!«, in: *Der Spiegel*, Mai 2012, abzurufen unter http://www.spiegel.de/panorama/gesellschaft/demut-die-wiederkehr-der-werte-a-829604.html.

15 Vgl. das Interview mit dem Ex-Siemens-Vorstandschef und Aufsichtsratsvorsitzenden Heinrich von Pierer in: Die da oben, a. a. O., S. 84.

16 Vgl. Jeremy Rifkin, Die empathische Zivilisation: Wege zu einem globalen Bewusstsein, Frankfurt a. M./New York 2011, S. 397. Vgl. zudem Thorsten Giersch, »Wie Manager ihre Gier stillen können«, in: *Handelsblatt*, April 2010, abzurufen unter http://www.handelsblatt.com/unternehmen/management/strategie/ethik-wie-manager-ihre-gier-stillen-koennen/detail_tab_print/3420892.html

17 Vgl. Werner Kilz, »Die wollten mich zum Deppen machen«, in: *Die Zeit*, 23. Oktober 2014, in dem der Exchefredakteur des Magazins *Der Spiegel*, über seine Begegnungen mit dem Exkanzler Helmut Kohl berichtete, abzurufen unter http://www.zeit.de/2014/44/helmut-kohl-erinnerungen-kilz

18 Vgl. »Jeder dritte Chef ist ein harter Hund«, a. a. O.

19 Vgl. »Ex-Top-Manager Stephen Green für ›Ethik-Eid‹«, in: *Südwestpresse* vom 18.12.2010, abzurufen unter http://www.swp.de/ulm/nachrichten/wirtschaft/Ex-Top-Manager-Stephen-Green-fuer-Ethik-Eid;art4325,770767.

20 Vgl. dazu, wie sich Empathie grundsätzlich ab dem Kindesalter in einer Person entwickelt, Annette Schmitt, Bedingungen gerechten Handelns. Motivations- und handlungstheoretische Grundlagen liberaler Theorien, Wiesbaden 2005, S. 73 ff., und Christina Klüver und Jürgen Klüver, Lehren, Lernen und Fachdidaktik, Wiesbaden 2012, S. 118 ff.

21 Vgl. Nischala Joy Devi, Yoga heilt, Oberstdorf 2011, S. 55.

22 Vgl. David Servan-Schreiber, Das Anti Krebs Buch, München 2008, S. 222 ff.

23 Vgl. Robert Emmons, Vom Glück, dankbar zu sein, Frankfurt a. M. 2008, S. 77 ff., sowie David Servan-Schreiber, Die neue Medizin der Emotionen, München 2004, S. 57 ff.

24 Vgl. Jendrik Petersen, Die gebildete Unternehmung, Frankfurt a. M. 1997, S. 144.

25 Vgl. Karl-Martin Dietz und Thomas Kracht, Dialogische Führung: Grundlagen – Praxis – Fallbeispiel: dm-drogerie markt, Frankfurt a. M. 2011. Anleitungen zur Umsetzung von

dialogischer Führung finden Sie beispielsweise bei Martina Hartkemeyer u. a., Dialogische Intelligenz. Aus dem Käfig des Gedachten in den Kosmos des Denkens, 2015, sowie bei Martina Hartkemeyer, Das Geheimnis des Dialogs, 2008, CD, erschienen in der Reihe Jokers Hörsaal.

26 Vgl. Martin Buber, Das dialogische Prinzip, Heidelberg 3. Auflage 1973, S. 295.

27 Vgl. Robert Emmons, Vom Glück, dankbar zu sein, Frankfurt a. M. 2008.

28 Vgl. Axel Gloger, »Regen ohne Macht«, in: *managerSeminare*, Februar 2013, Heft 179, S. 16–20.

29 Vgl. Rahild Neuburger, Rhetorik, München 2008, S. 126 ff.

30 Vgl. Richard Wiseman, Machen, nicht denken!, a. a. O., S. 293 f.

31 Vgl. Daniel J. Siegel, Die Alchemie der Gefühle, München 2010, S. 104–110, zum Phänomen der physiologischen Resonanz siehe S. 107.

32 Vgl. Bruce J. Avolio und Francis J. Yammarino, Transformational and Charismatic Leadership. The Road Ahead, 2. Auflage 2013, Binegly/UK, S. 161 ff., sowie Jürgen Weibler, Personalführung, 2. Auflage 2012, München, S. 144.

Den Verstand gebrauchen – Komplexität reduzieren

1 Vgl. Peter F. Drucker, »Managing for Business Effectiveness«, in: *Harvard Business Review*, Nr. 3, Mai/Juni 1963, S. 53–60. Druckers Definition lautet Effektivität: »Die richtigen Dinge tun«, Effizienz: »Die Dinge richtig tun.«

2 Vgl. Hartmut Esser, Soziologie. Spezielle Grundlagen, Frankfurt a. M. 2001, S. 1. Esser weist darauf hin, dass unser persönlicher Bezugsrahmen auch von gesellschaftlichen und kulturellen Vorstellungen geprägt ist. Vgl. zum Thema persönlicher Bezugsrahmen in der Führung weiterhin Klaus-Dieter Werry, Führung: Auf die letzten Meter kommt es an, Wiesbaden 2012, S. 150 ff.

3 Vgl. aus der Psychologie Hermann-Josef Fisseni, Persönlichkeitspsychologie: Ein Theorienüberblick, 4. Auflage Göttingen

1998, S. 435 f., sowie Lothar Laux, Persönlichkeitspsychologie, Stuttgart 2. Auflage 2008, S. 207 f. Vgl. außerdem aus der Übertragung auf das Management Georg Schreyögg u. a., Gruppen und Teamorganisation, Berlin/Heidelberg 2008, S. 96 f.

4 Vgl. Albert A. Cannella, »Upper Echelons: Donald Hambrick on Executives and Strategy«, in: *Academy of Management Executive*, 2001, Jg. 15, Nr. 3, S. 38. Eigene Übersetzung. Das Originalzitat lautet: »If we want to understand why organizations do the things they do, and why they perform the way they do, we must understand the experiences, values, motives, and biases of the top executives.«

5 Vgl. zum Forschungszweig der Behavioral Economics: Hartmut Berghoff, in: Gunilla Budde u. a. (Hrsg.), Kapitalismus. Historische Annäherungen, Göttingen 2011, S. 88 ff. (»Die Behavioral Economics arbeitet daran, irrationales Verhalten in die Modelle der Ökonomie zu integrieren.«).

6 Vgl. Daniel J. Siegel, a. a. O., S. 64.

7 Diesen Ausspruch habe ich häufig von Beratern von Topmanagern oder von Assistenten der Geschäftsführung gehört, die Informationen für diesen Personenkreis aufbereitet haben.

8 Für einen Überblick, »wann sich die subjektive Welt des Entscheiders von den objektiven Gegebenheiten entfernt, sodass es zu folgenschweren Fehlentscheidungen kommen kann«, vgl. Marc Becker, Controlling von Internationalisierungsprozessen, Wiesbaden 2005, S. 78 ff., sowie weiterhin Daniel Noack, Behavioral Risk Management, Hamburg 2008, S. 18 ff., sowie zu Fehlern im Denken generell Daniel Kahneman, Schnelles Denken, langsames Denken, München 2012.

9 Vgl. Mihály Csíkszentmihályi, a. a. O., S. 271.

10 Ebd., S. 271.

11 Vgl. Donald C. Hambrick und Phyllis A. Mason, »Upper Echelons. The Organization as a Reflection of Its Top Manager«, in: Academy of Management Review, 1984, Jg. 9, Nr. 2, S. 195.

12 Zum Thema Debiasing vgl. Eyal Zamir und Doron Teichman, The Oxford Handbook of Behavioral Economics and the Law, New York 2014, S. 152 ff.

13 Vgl. Bob Garratt, »Can Boards of Directors Think Strategically? Some Issues in Developing Direction-givers' Thinking at a Mega Level«, in: *Performance Improvement Quarterly*, 2005, Jg. 18, Nr. 3, S. 26–36.

14 Vgl. Daniel Goleman, Emotionale Intelligenz, München 1995. Zur Einordnung von Golemans Konzept im Vergleich zu anderen Theorien vgl. Fabian York Urban, Emotionen und Führung, Wiesbaden 2008, S. 228.

15 Vgl. Sabine Goette, Die Heilkraft des inneren Arztes, München 2013, S. 86. Sowie Christa Diegelmann und Margarete Isermann, Kraft in der Krise, Stuttgart 2011.

16 Vgl. das Interview mit dem Goldman-Sachs-Geschäftssleiter Alexander Dibelius in: Die da oben, a. a. O., S. 184. Dibelius ist übrigens ein ehemaliger Herzchirurg und deswegen sicher mit ganz anderen Entscheidungssituationen vertraut.

17 Vgl. Daniel J. Siegel, a. a. O., sowie Peter A. Levine, Sprache ohne Worte, München 2011, sowie António Damásio, Selbst ist der Mensch, München 2010.

18 Vgl. das Beispiel des Patienten Stuart in: Daniel J. Siegel, a. a. O., S. 169 ff.

Den Körper achten – Angst in den Griff bekommen

1 Vgl. Daniel J. Siegel, a. a. O., S. 212 ff.

2 Vgl. Isa Grüber, Was der Körper zu sagen hat, München 2013, S. 155 ff.

3 Vgl. zur Untrennbarkeit von Körper und Geist beispielsweise Ulfried Geuter, Körperpsychotherapie, Berlin/Heidelberg 2015, weiterhin Johann Casper Rüegg, Mind & Body: Wie unser Gehirn die Gesundheit beeinflusst Stuttgart 2014, oder Lissa Rankin, Mind over Medicine, München 2013.

4 Vgl. das Interview mit Gerald Hüther in der *CFO-World*,

7. November 2012, geführt von Sven Ohnstedt,»Wie soll es sonst anders weitergehen?«.

5 Vgl. Daniel Agustoni, Craniosacral, München 2013, S.47.

6 Vgl. Richard Wiseman, Machen, nicht denken!, a.a.O., S.89f.

7 Vgl. James L. Wilson, Grundlos erschöpft? Nebennieren-Schwäche – das Stress-Syndrom des 21. Jahrhunderts. Was ist Cortisol-Mangel und wie können wir ihn heilen?, München 2011, Kapitel 3: Die Ursachen der Nebennieren-Erschöpfung.

8 Zur Einordnung von Schachters kognitiver Emotionstheorie vgl. Niels Birbaumer und Robert F. Schmidt, Biologische Psychologie, Heidelberg, 6. Auflage 2006, S.695, sowie eine frühe Beschreibung von Schachters Theorie in Niels Birbaumer, Physiologische Psychologie, Berlin/Heidelberg 1975, S.207ff. Der genannte Versuch ist beschrieben in Julius Kuhl, Lehrbuch der Persönlichkeitspsychologie. Motivation, Emotion und Selbststeuerung, Göttingen 2010, S.327.

9 Vgl. das Interview mit Margret Suckale, Vorstandsmitglied und Arbeitsdirektorin bei BASF und ehemaliger Personalvorstand bei der Deutschen Bahn, in: Die da oben, a.a.O., S.100.

10 Vgl. Herbert Benson und Miriam Z. Klipper, The Relaxation Response, New York 2001, Reprint von 1975, sowie zur Einordnung und Bewertung George S. Everly und Jeffrey M. Lating, A Clinical Guide to the Treatment of the Human Stress Response, New York 3. Auflage 2013, S.186–189.

11 Peter A. Levine, Sprache ohne Worte, München 2011, S.219.

12 Marc Gassert, Alles ist schwer, bevor es leicht wird, München 2013, S.239.

13 Vgl. Brian M. Alman und Peter T. Lambrou, Selbsthypnose, Heidelberg 8. Auflage 2009, S.266f.

14 Ebd., S.51ff, eine wirklich gute Anleitung.

15 Vgl. Tilo Kircher, Kompendium der Psychotherapie. Für Ärzte und Psychologen, Berlin Heidelberg 2012, S.325.

16 Vgl. Beate Paterok und Tilmann Müller, Schlaftraining,

Göttingen, 2. Auflage 2010, S. 175, sowie Tobias Hürter, Du bist, was du schläfst. Was zwischen Wachen und Träumen alles geschieht, München 2011, Kapitel 23.50: Schönheitsschlaf. Das Wachstumshormon wartet den Körper.

17 Vgl. Julia Ross, Was die Seele essen will: Die Mood Cure, Stuttgart 2010, S. 282.

18 Vgl. die Arbeiten der Münchner Fotografin Herlinde Koelbl, die seit 1991 jährlich die Veränderungen von Politikern und Managern dokumentiert hat.

19 Vgl. Markus Feldenkirchen, »Obamas 53. Geburtstag: Der lustlose Präsident«, in: Der Spiegel, 4. August 2014, abzurufen unter http://www.spiegel.de/politik/ausland/barack-obama-zum-53-geburtstag-lustloser-us-praesident-a-984312.html.

20 Vgl. zum Phänomen des körperlichen Hyperarousals Paul Glovinsky und Art Spielman, The Insomnia Answer, New York 2006, S. 58.

21 Vgl. Karsten Drath, Resilienz in der Unternehmensführung. Was Manager und ihre Teams stark macht, Freiburg 2014, S. 266.

Zu guter Letzt

1 Interview mit dem Unternehmensberater der Beratungsgesellschaft Booz & Company Klaus-Peter Gushurst in: Die da oben, a. a. O., S. 9.